吉林省社会科学研究基金项目"新冠疫情影响下吉林省高三学生考试焦虑现状及催眠干预研究"（2020B124）的阶段性研究成果

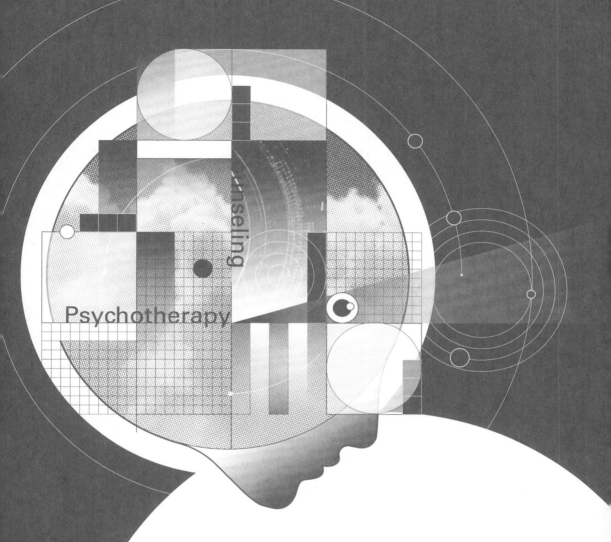

心理咨询与治疗的
理论及其运用

李淑莲　孙崇勇　蔡仲淮 ——— 主编

经济管理出版社
ECONOMY & MANAGEMENT PUBLISHING HOUSE

图书在版编目（CIP）数据

心理咨询与治疗的理论及其运用 / 李淑莲，孙崇勇，
蔡仲淮主编. -- 北京：经济管理出版社，2025.

ISBN 978-7-5243-0224-7

Ⅰ. B849.1；R749.055

中国国家版本馆 CIP 数据核字第 2025VK0828 号

组稿编辑：谢　妙
责任编辑：谢　妙
责任印制：许　艳

出版发行：经济管理出版社
　　　　　（北京市海淀区北蜂窝 8 号中雅大厦 A 座 11 层　100038）
网　　　址：www. E-mp. com. cn
电　　　话：（010）51915602
印　　　刷：北京市海淀区唐家岭福利印刷厂
经　　　销：新华书店
开　　　本：720mm×1000mm/16
印　　　张：10.75
字　　　数：193 千字
版　　　次：2025 年 3 月第 1 版　　2025 年 3 月第 1 次印刷
书　　　号：ISBN 978-7-5243-0224-7
定　　　价：49.00 元

前　言

　　近年来，越来越多的心理危机事件引起了教育界对学生心理健康的重视，各级各类学校也相继成立了心理健康教育中心或类似的机构。学校开展心理咨询与治疗工作，不仅有助于预防和治疗学生的心理问题，也有助于培养学生良好的心理素质与健全的人格。心理咨询与治疗是一门专业性与实践性较强的学科，要求从业人员既具备一定的理论知识，又具有相应的实践经验。基于这一特点，本书将心理咨询与治疗的基本理论与实践操作有机结合，一方面全面且系统地介绍了各种心理咨询与治疗流派的基本理论，另一方面详述了基于各种理论之下心理咨询与治疗方法的具体操作。后面还附有大量的心理咨询与治疗的案例分析。希望本书能为心理咨询与治疗工作者、学校教师及相关工作人员从事心理健康教育提供较有价值的参考与借鉴。

　　本书共七章，主要内容如下：

　　第一章，心理咨询与心理治疗概述。主要介绍了心理咨询与心理治疗的含义、特征与关系，心理咨询与治疗的研究内容与范式。

　　第二章，心理咨询与心理治疗伦理。主要介绍了心理咨询与心理治疗伦理的含义与特点、心理咨询与心理治疗伦理规范的内容。

　　第三章，心理分析的基本理论及其在心理咨询与治疗实践中的运用。主要介绍了心理分析的无意识理论、人格结构说、自我防御机制、性心理发展理论、关于梦的学说等，以及催眠、自由联想法、梦的分析、沙盘游戏治疗、绘画治疗等心理咨询与治疗的方法。

　　第四章，认知主义的基本理论及其在心理咨询与治疗实践中的运用。主要介绍了认知主义的基本理论，如埃利斯的人性观理论、情绪 ABC 理论、不合理信念特征理论、贝克的认知疗法理论等，以及不合理信念消除法、认知重建法、理性情绪想象法等心理咨询与治疗的方法。

第五章，行为疗法的基本理论及其在心理咨询与治疗实践中的运用。主要介绍了行为主义的经典性条件作用、操作性条件作用、社会认知等理论，以及系统脱敏疗法、强化疗法、森田疗法等心理咨询与治疗的方法。

第六章，人本主义的基本理论及其在心理咨询与治疗实践中的运用。主要介绍了人本主义对人性的假设、关于自我的理论及关于心理失调的理论，以及人本主义疗法和来访者中心疗法等心理咨询与治疗的方法。

第七章，叙事治疗的基本理论及其在心理咨询与治疗实践中的运用。主要介绍了叙事治疗的社会建构理论、后结构主义，以及解构性倾听、外化问题、寻找独特结果、发展替代性故事等心理咨询与治疗的方法。

本书具有如下特色：

首先，本书融入了近年来最新的研究成果。随着时代的发展与进步，心理咨询与治疗出现了新的技术与方法。本书在一些经典内容中添加了新的内容，并将经典理论应用于新的领域。另外，本书还补充了前沿的技术与方法，如叙述治疗的基本理论与基本技术等，体现了本书与时俱进的特色。

其次，本书体现了理论与实践相结合的原则。除第一章与第二章外，其他章节的结构都是先介绍基本理论的观点与内容，再介绍该理论在心理咨询与心理治疗实践中的运用。每种心理咨询与治疗的具体方法之后均附有案例分析，具体包括个体案情、案主心理症状分析与治疗方法的灵活运用。这些案例生动、具体，能够让读者直观地感受到各种咨询与治疗方法的成效。

再次，本书注重心理咨询与治疗的伦理问题。以往很多国内外关于心理咨询与心理治疗的书籍并未涉及伦理问题，或把该部分内容作为附录置于书的末尾。而心理咨询与心理治疗中伦理问题的重要性不仅涉及当事人，更会对实践工作乃至整个行业的健康与良性发展产生深刻影响。所以，本书把心理咨询与心理治疗的伦理问题作为单独一章进行论述，以期提高从业者的专业胜任力及其对伦理问题的敏感性。从业者对该问题的认识不能仅停留于理性层面，更要落实在实践操作层面。

最后，本书注重心理咨询与心理治疗的科学研究。随着社会竞争加剧、生活节奏加快，心理咨询与治疗所面临的问题也在发生变化，其客体即求助者或来访者的心理问题与心理障碍呈现多样化、复杂化的趋势，这对其主体即心理咨询与治疗师提出了新的挑战与要求。因此，为提高工作的质量与水平，心理咨询与治疗工作者需要加强对该领域的科学研究。所以，本书介绍了当前心理咨询与心理治疗研究的基本内容与研究范式，以期为从业者从事相关研究提供一定的参考。

本书由李淑莲拟定编写提纲及统稿，并负责编写了第一章、第四章、第七章第一节。孙崇勇负责编写第五章、第六章、第七章第二节。蔡仲淮负责编写第二章。吉林师范大学心理健康中心贺祥丽负责编写第三章。

本书是产教融合、校企合作的结晶典范。我们与佛山市三水区北博德翰外国语学校、肇庆市第一中学（江滨校区）等众多知名学校，以及吉林省仁爱心理保健职业培训学校、智心心智教育咨询服务中心等资深企业深度合作，共同打造了这本兼具学术深度与实践广度的专著。书中，我们不仅系统阐述了心理咨询与治疗的各种理论，还紧密结合合作企业的真实案例，详细解析了这些理论在实际咨询与治疗中的运用。同时，我们吸收了合作学校在心理健康教育方面的宝贵经验，使本书内容更加贴近学校心理咨询工作的实际需求。通过产教融合、校企合作的模式，我们确保了本书的实用性和前瞻性，为培养具备扎实理论基础和实践能力的心理咨询与治疗人才提供了有力支持。

本书是笔者承担的吉林省社会科学研究基金项目"新冠疫情影响下吉林省高三学生考试焦虑现状及催眠干预研究"（2020B124）的阶段性研究成果，凝结了近年来笔者对心理咨询与治疗问题研究及实践的一些思考、心得与体会。在本书写作过程中，我们参考并借鉴了国内外学者的研究成果，在此谨向这些作者表达诚挚的谢意；同时，感谢经济管理出版社相关工作人员的辛勤付出，使本书顺利付梓并为其增光添色。

由于主客观条件所限，书中难免存在不足之处甚至错误，在此恳请各位读者和同行专家批评指正。

笔者

2024 年 11 月于吉林师范大学

目　录

第一章　心理咨询与心理治疗概述

心理咨询与心理治疗正成为中国快速发展并具有巨大需求与经济潜力的热门行业，吸引了越来越多人的关注与加入。对于心理咨询与治疗的学习者而言，必须正确理解与把握这一专业领域的基本问题，即心理咨询与心理治疗的含义、特征，心理咨询与心理治疗的共性与差异等。

第一节　心理咨询与心理治疗的含义、特征及关系

当今时代，人们对心理咨询与心理治疗似乎已不陌生，因为在日常生活中，越来越多的人开始接触并了解心理咨询与心理治疗。当人们遇到心理困惑时，很多人会选择向心理咨询师或心理学专业人士求助。但什么是心理咨询与心理治疗呢？心理咨询与心理治疗是怎样的关系呢？心理咨询与心理治疗有何联系，又有何区别？心理咨询与心理治疗的工作对象是哪些人？诸如此类问题，也许很多人并不十分清楚。本节将从心理咨询与心理治疗的含义出发，对这些问题进行系统梳理。

一、心理咨询的含义与特征

（一）心理咨询的含义

心理咨询对应的英文单词为"Counseling"，也称"咨询"。关于心理咨询的概念最早来自美国。早在 20 世纪 50 年代，美国心理学会（APA）咨询心理学分

会就从咨询目标的视角出发对心理咨询作了界定，其认为心理咨询就是帮助个体克服其个人及其成长过程中的障碍，并帮助个体最大限度地开发个人潜能。该定义指出了心理咨询具有两大目标：一是帮助个体克服成长过程中的各种障碍，二是帮助个体开发个人潜能。

美国人本主义心理学家罗杰斯基于人本主义流派观点，以心理咨询过程为视角，对心理咨询作出界定。他认为，心理咨询是一个过程，在这个过程中，心理咨询师与来访者建立起来的关系能够给予来访者一种安全感，使其可以处于放松状态，并从容地正视自己过去曾经否定的经验，使自己得以改变（林孟平，1988）。该界定体现了人本主义流派以来访者为中心的咨询观点。

国内著名的心理学家钱铭怡教授认为，心理咨询就是通过人际关系，应用心理学方法帮助来访者自强自立，促使他们成长的过程（钱铭怡，2016）。该定义指出了心理咨询的核心特征之一是一种帮助性的人际关系，且要借助心理学的理论与方法，目的是帮助来访者成长与自强自立，这与美国心理学会咨询心理学分会的界定有一定的相似之处。

《中国大百科全书·心理学》（2011年版）中写道，心理咨询是一种以语言、文字或其他信息为沟通形式，对求助者予以启发、支持与再教育的心理治疗方式。该定义指出心理咨询所采用的沟通形式，既可以是面对面的口头语言交流方式，也可以是借助媒介工具如电话、网络、各种聊天软件的线上语音或文字交流方式。另外，该定义还把心理咨询当作心理治疗的一种方式，或者确切地说，心理咨询是心理治疗的前提与基础，也可理解为心理治疗前期的准备工作。

综合国内外专家学者对心理咨询的界定，本书认为，心理咨询主要是指心理咨询师或心理学专业人士运用心理咨询学原理和方法，使求助者了解自己所存在问题的性质和起因，以便解决这些问题。

（二）心理咨询的特征

根据心理咨询的概念界定，我们可以得到心理咨询的四大特征。

其一，心理咨询的主体是心理咨询师或心理学专业人士，客体是求助者或来访者。这里需要明确的是，从事心理咨询的工作人员，必须是经过严格专业训练的心理咨询师或是心理学专业人士。因为他们具有从事这项工作所必需的知识与技能，并且得到了权威机构的认可。

其二，心理咨询本质上是要建构一种帮助性的人际关系。在这种人际关系中，心理咨询师与求助者或来访者分别扮演不同的角色。心理咨询师主要是帮助求助者更好地认识与了解自己，求助者会不断地接收新的信息，并学会调整自己，习得一些新的技能与行为。但需要注意的是，不可过于依赖心理咨询师。

其三，心理咨询是一种专业技术性工作，必须借助相关的心理学理论与方法。心理咨询与日常聊天、谈心有很大区别。心理咨询具有明确的目的性与技术性，需要依托相关的心理学理论与方法，目的是帮助来访者认识到自身的心理问题，以便解决问题，回归健康的精神家园。

其四，心理咨询不能直接解决问题，只是为解决问题提供一些帮助。可能有人会有这样的误解，认为心理咨询能直接解决问题。其实不然，心理咨询只是帮助求助者更好地认识与了解自己，找到自己存在的问题的性质与起因，以便解决问题。

只有把握了心理咨询的上述四大基本特征，我们才能全面且正确地理解其含义。

二、心理治疗的含义与特征

心理治疗对应的英文单词为"Psychotherapy"，也称"治疗"（Therapy）。同心理咨询一样，虽然国内外专家学者对于心理治疗的含义尚未取得一致的意见，但为我们界定心理治疗提供了重要的参考依据。

（一）心理治疗的含义

美国心理学会认为，心理治疗就是帮助患有抑郁、焦虑或其他精神失常的精神类疾病或需要通过帮助来治疗心理疾病的患者等解决问题，从而使他们活得更加健康、快乐、有品质。该界定指出了心理治疗的对象是神经症等其他精神类疾病患者，目的是解决问题。

英国心理学家弗兰克（Frank）认为，心理治疗是受过专业训练的、为社会所认可的治疗师通过一系列目的明确的接触与交往，对患有心理疾病或遭受痛苦并寻求解脱的人所施加的一种社会性影响（钱铭怡，2016）。弗兰克的界定强调了心理治疗的主体是受过专业训练的、为社会所认可的治疗师，不是一般人所能担任的，其性质是一种社会性影响。

美国精神科医生沃尔培格（Wolberger）认为，心理治疗是受过训练的治疗师运用心理学的方法，通过建立与患者治疗性的关系，治疗和消除患者心理与精神上的症状（雷秀雅等，2023）。沃尔培格的界定也强调了心理治疗的主体、理论基础与目的。

中国心理学家陈仲庚（1989）认为，心理治疗是治疗师与来访者之间的一种合作努力的行为，是一种伙伴关系，是关于人格与行为的改变过程。从陈仲庚对心理治疗的界定中我们可以看出，良好的治疗关系是心理治疗的前提条件，其目的是改变来访者的人格与行为。

中国心理学会（2007）将心理治疗界定为，在良好的治疗关系的基础上，由经过训练的心理师运用临床心理学的理论与技术，在对心理障碍患者进行帮助的过程中，消除或缓解患者的心理障碍或问题，促进其人格健康、协调地发展。该界定也强调了心理治疗的前提条件是良好的治疗关系，主体是经过训练的心理师，依据是临床心理学的理论与技术，以及心理治疗的目的等。

综合国内外专家学者对心理治疗的界定，本书认为，心理治疗是指具有一定资质的治疗师通过与心理疾病患者建立良好的治疗关系，运用心理治疗技术帮助患者解除或减轻各类心理障碍与精神障碍，这类治疗过程较为漫长。

（二）心理治疗的特征

根据心理治疗的概念界定，我们可以剖析出心理治疗的四大特征。

其一，心理治疗的主体是具有一定资质的治疗师，客体是具有各种心理疾病或精神障碍的患者。心理治疗的主体与客体和心理咨询不尽相同，但治疗师的要求比咨询师的要求更高，一个好的治疗师首先是一个好的咨询师，而一个好的咨询师未必是一个好的治疗师。关于心理治疗的客体即工作对象，本书将在心理咨询与心理治疗的区别部分做具体介绍。

其二，与心理咨询不同的是，心理治疗要能直接解决问题。如同对患者的生理疾病进行治疗一样，心理治疗是要解决患者的心理疾病。不能解决问题的治疗不能称为心理治疗，即使不能完全解除患者的精神痛苦，也应达到缓解患者精神痛苦的目的。

其三，心理治疗需要一个过程，不是一蹴而就的。治疗心理疾病与治疗生理疾病不同的是，不能做到立竿见影、药到病除。因为心理疾病的形成本身就是一个较为漫长的过程，所以其治疗也不是轻而易举的事情。来访者的心理及行为的改变需要治疗师与来访者共同作出努力。

三、心理咨询与心理治疗的关系

心理咨询与心理治疗的关系十分密切。一方面，心理咨询与心理治疗之间存在一定的共性。心理咨询可以看作心理治疗的前期准备，心理治疗可以看作心理咨询的延伸，或被称作障碍性咨询或治疗性咨询，不能将两者割裂开来。另一方面，心理咨询与心理治疗之间也有一定的差异。江光荣（2012）认为，心理咨询与心理治疗的本质相同，依据心理学相关理论，二者都是专业助人活动，但在工作对象、专业工作者与帮助特点等方面存在差异，即同中有异。总体来说，心理咨询与心理治疗既有共性，又有差异，下面我们进行具体分析。

（一）心理咨询与心理治疗的共性

1. 二者的总目标相同

心理咨询与心理治疗具有共同的总目标，都强调在良好的人际关系氛围中，由咨询师或治疗师运用相关的心理学技术与方法，为解决患者心理或精神方面的问题而服务。这些共同点可以从一些学者的论述中得到证明。曾文星和徐静（1987）认为，心理咨询与心理治疗都要求运用心理学的方法，其目的在于，通过咨询师或治疗师与患者建立的亲密关系，善用患者求愈的愿望与潜力，改善患者的心理与适应方式，以解除患者的症状与痛苦，并帮助患者促进人格的成熟。陈仲庚（1989）指出，心理咨询与心理治疗都要求咨询师或治疗师与来访者之间建立密切的伙伴关系，需要两者共同努力。美国精神科医生沃尔培格认为，心理咨询与心理治疗都是由经过专门训练的人员以慎重细密的态度与来访者建立起业务性的联系，用于消除、矫正或缓和现有症状，调节异常行为方式，促进积极的人格成长和发展（雷秀雅等，2023）。从以上各专家学者的论述可以看出，心理咨询与心理治疗在咨访关系、解决的问题及从业人员的要求等方面都具有一致性。

2. 二者的理论与方法相同

在心理咨询与心理治疗实践的过程中，二者在理论与方法上也具有较大的一致性。传统的三大理论体系及其所蕴含的方法包括精神分析疗法、行为疗法和来访者中心疗法，既适用于心理咨询，也适用于心理治疗，二者具有一定的共通性。近年来，国外兴起的一些新的理论与方法在心理咨询和心理治疗中也都是通用的，如20世纪20年代在日本兴起的森田疗法、20世纪中期在美国兴起的理性情绪疗法等。

（二）遵循的原则具有一致性

心理咨询和心理治疗所遵循的原则是一致的，如理解、尊重、保密、疏导、促进成长等。此外，它们对从业者的工作态度和职业道德也有同样的要求。

（三）心理咨询与心理治疗的差异

1. 工作对象的差异

心理咨询与心理治疗首先在工作对象上有一定的差异。心理咨询的工作对象主要是心理健康人群及正在恢复或已复原的患者（钱铭怡，2016）。健康人群会面对许多家庭、择业、求学、社会适应等问题，他们会期待作出理想的选择，顺利地度过人生的各个阶段，求得自身能力的最大发挥和寻求生活的良好品质。这里所说的健康人群既包括遇到各种问题但心理仍处于健康状态的人，也包括心理处于不健康状态但无精神障碍的人。其中，心理不健康状态包括一般心理问题、严重心理问题与一些可疑神经症（中国就业培训技术指导中心、中国心理卫生协会，2015）。

（1）一般心理问题主要由以下几个条件判定：①其发生是由现实因素即现实生活中发生的一些生活事件激发的，并非无缘无故发生；这些生活事件不太强烈，对个体威胁较小。②所产生的不良情绪持续时间较短，一般不超过两个月。③个体的情绪反应能被理智控制，不会严重破坏社会功能，即能维持正常的生活、工作与学习。④不良情绪反应的对象未被泛化，即其他类似的事件不能引起该情绪反应。

（2）严重心理问题主要由以下几个条件判定：①其发生是由较为强烈的、对个体威胁较大的现实刺激引起的，内心冲突是常形的。这里常形的内心冲突是指冲突的起源是与现实真实处境相联系，涉及大家公认的重要生活事件，具有明显的道德性质。②所产生的不良情绪持续时间较长，一般在两个月以上半年以下。③多数情况下，个体会短暂地失去理性，社会功能遭到较为严重的破坏，在一定时间内不能维持正常的生活、工作与学习。④不良情绪的反应对象已被泛化，即除了最初的生活事件能引起个体不良的情绪反应，与其相似的生活事件也能引起不良的情绪反应。

（3）可疑神经症是指已接近神经衰弱或神经症，如恐怖症、焦虑症等，或是其早期阶段。在这种状态下，个体的内心冲突是变形的，但根据许又新教授的神经症简易评定法还不能确诊为神经症（中国就业培训技术指导中心、中国心理卫生协会，2015）。这里变形的内心冲突是指冲突的起源与现实处境没有什么关系，或是鸡毛蒜皮的小事；或是常人难以理解的，需要专业人士才能理解的问题；抑或是变态的、神经症性的心理冲突，其不带有明显的道德色彩。

心理治疗的工作对象主要是有心理障碍者或称为心理疾病的患者，包括已确诊的神经症、变态人格、性心理变态、心理障碍、其他各类精神障碍患者。所谓神经症是一组轻性心理障碍，主要表现为持久的心理冲突，患者觉察到或体验到这种冲突并因之而深感痛苦，且妨碍心理功能或社会功能，但无任何可证实的器质性病理基础。变态人格是指人格障碍，即在个体发育成长过程中，因遗传、先天以及后天不良环境因素造成的个体心理与行为的持久性的固定行为模式，这种行为模式偏离社会文化背景，并给个体自身带来痛苦，或对周边人或事物产生负面影响。

2. 二者处理的问题性质的差异

心理咨询所着重处理的是正常人所遇到的各种问题，包括人际关系、职业、学业、工作、教育、婚姻、家庭等方面的问题。在日常生活中，即使健康人群也会面对许多家庭、择业、求学、社会适应等问题，他们会期待作出理想的选择，顺利地度过人生的各个阶段，求得自身能力的最大发挥和寻求良好的生活质量。心理咨询师可以从心理学的角度，提供中肯的发展建议，给出相应的帮助。

心理治疗的适应范围则主要包括解决某些心理障碍、行为障碍、心身疾病等问题，如神经症、人格障碍、性心理变态等。其中，神经症主要包括焦虑症、恐怖症、抑郁症、强迫症、神经衰弱症等；人格障碍主要涉及八种比较典型的障碍，即偏执型人格障碍、分裂型人格障碍、反社会型人格障碍、冲动型人格障碍、表演型人格障碍、强迫型人格障碍、焦虑型人格障碍、依赖型人格障碍；性心理变态主要包括性身份障碍、性偏好障碍与性指向障碍等。

3. 二者工作具体目标的差异

心理咨询与心理治疗的工作目标有一定的差异。心理咨询的工作目标主要是协助求助者矫正不良行为，缓解其不良或消极的情绪，重新构建合理认知模式；从长期来看，帮助求助者提高生活信心，促进良好心理素质的形成和健康人格的发展；最终目标是改变求助者错误的自我认知，促进自我健康成长，使其人格得到完善。

心理治疗的工作目标包括缓解抑郁、焦虑、应激障碍等心理症状；解决某些心理障碍、行为障碍、身心疾病等问题；解决变形的心理冲突；帮助个体改变不健康的思维模式与行为方式，培养积极的行为习惯与应对策略；提升生活质量与幸福感等。

4. 二者所涉及的意识层面的差异

心理咨询和心理治疗所涉及的个体意识层面存在一定的差异。一般来说，心理咨询活动主要在求助者的意识层面进行。因为心理咨询活动的焦点在于在对求助者现存问题分析的基础上提供一些改进的建议，或者找出求助者已经存在于自身的内在因素，并使其得到发展。从本质上说，心理咨询活动是一种教育性、支持性与指导性的工作，主要停留在求助者的意识层面。

心理治疗活动则较为复杂，除了涉及求助者的意识层面，还涉及其无意识层面。如心理治疗的心理分析学派，主要针对求助者的无意识领域进行工作，重点在于重塑求助者的人格。

5. 二者主体资质的差异

心理咨询的主体主要为心理咨询师及其相关的心理学专业人士，心理治疗的主体主要为心理治疗师及其有资质的专业人士。二者主体的来源与资质要求均不相同，不能把二者等同或混淆。一般来说，心理咨询师主要为接受系统心理学教育的专业人员，包括各级各类学校教师、心理学专业研究生及社会工作者；心理治疗师则主要为接受医学院系统训练的精神科医生。2018 年 4 月修正的《中华人民共和国精神卫生法》第二十三条明确规定，心理咨询人员不得从事心理治疗或者精神障碍的诊断、治疗。心理咨询人员发现接受咨询的人员可能患有精神障碍的，应当建议其到符合本法规定的医疗机构就诊。

6. 二者工作周期的差异

心理咨询和心理治疗在工作周期上也有一定的差异。心理咨询面对的问题症状较轻，一般用时较短，有的一两次就可以达到目的，每次一小时左右。心理治疗面对的问题症状相对严重，则需要花费较长的时间，治疗次数少则几次，多则几十次不等；治疗周期少则几个月，多则几年甚至更长的时间。

综上所述，我们分析了心理咨询与心理治疗的共性与差异。在此需要说明的是，为便于读者理解本书整体框架与前后逻辑关系，我们在后面的章节中主要侧重或倾向于介绍心理咨询与心理治疗的共性与重合部分，不再具体区分两者的差异，除非有特别说明。

第二节 心理咨询与心理治疗的研究内容与范式

随着时代发展与科技进步，心理咨询与心理治疗所面临的问题也在发生变化，其客体即求助者或来访者的心理问题与心理障碍呈现多样化、复杂性的发展趋势，这对其主体即咨询师与治疗师提出了新的挑战与要求。为此，为提高工作的质量与水平，心理咨询与治疗工作者需要加强在该领域的科学研究。心理咨询与心理治疗研究是指按照心理学研究的方法和要求，针对心理咨询与治疗相关领域内的问题进行文献梳理、数据收集、统计与分析等研究工作。但是，在以往的相关专业著作与教材中，有关心理咨询与心理治疗研究的介绍比较少。那么，如何开展与进行心理咨询与心理治疗的相关研究？有哪些研究范式可供参考？对于这些问题，一些心理咨询与心理治疗工作者还不是很清楚。本节主要介绍当前心理咨询与心理治疗研究的基本内容与研究范式，以期为心理咨询与心理治疗工作者从事相关研究提供一些有价值的参考。

一、心理咨询与心理治疗的研究内容

心理咨询与心理治疗研究通常是针对特定心理问题或障碍，围绕"某类干预方法是否有效""为何有效"等问题展开。一般来说，心理咨询与心理治疗研究的主题包括：①针对该领域内某问题的研究成果进行概括性总结，如针对心理咨询与治疗中关于保密研究的文献回顾等；②针对心理咨询与心理治疗过程进行的科学研究，如对某种精神障碍的患者进行跟踪研究等；③针对心理咨询与心理治疗效果进行的科学研究，如根据来访者的不同表现与诉求，探讨采取什么样的干预技术有效；④运用脑成像等技术，将心理治疗与认知神经科学、生物医学相结合，探讨各种心理障碍与精神障碍的神经机制；⑤如何合理地吸收和接纳中西方心理咨询思想和方法，即心理咨询与心理治疗的本土化研究。心理咨询与治疗过程本身的复杂性以及在实际操作中的高度个性化，导致心理咨询与心理治疗各个领域的研究开展仍然面临许多挑战。下面，我们针对各主题逐一进行分析与

讨论。

（一）心理咨询与心理治疗的综述类研究

心理咨询与心理治疗的综述类研究是指研究者在搜集、研读该领域的研究文献之后，需要对一定时期内某一研究专题的发展历史、当前状况及发展趋势进行比较系统、全面的综合概括和评论，也就是我们通常所说的文献综述。文献综述包括：①引言部分，也就是问题的提出，阐述综述的目的、意义等。②历史与现状分析，即纵向与横向对比各派观点，客观评价优点与不足。③趋向预测或研究展望，即指明将来的研究方向、研究方案或设想等。④参考文献。综述类研究的参考文献一般较多，列在综述结尾处，便于读者查证，或做进一步的了解与探讨。

孔德生等（2003）结合自身多年理论研究与实践经验，基于折衷整合心理咨询理论，对折衷整合的心理咨询与治疗实践进行了综述性研究。首先，他们将折衷整合疗法的实践原则总结为人性化原则、实用性原则和整体性原则。其次，对于疗法的实施过程与实施步骤，研究者分别从认知、情绪和行为三个方面阐述了具体的干预实施方法，各个方面均涉及不同取向心理咨询技术的折衷整合。最后，进行了总结并提出了研究展望。刘陈陵和王芸（2016）以提升来访者动机为根本目的，围绕国内外对于自我决定理论（Self-Determination Theory，SDT）与成瘾行为治疗中发展起来的动机访谈（Motivational Interviewing，MI）技术的整合研究进行了综述。首先，研究者通过梳理文献，明确了来访者的动机是心理咨询与治疗产生有效性的重要因素。其次，使用自我决定理论框架对心理咨询与治疗的动机进行概念化，并回顾了基于自我决定理论的心理咨询与心理治疗的动机分类的研究；同时，梳理了临床技术中的动机访谈的概念与相关研究。再次，基于自我决定理论与动机访谈在人性观、治疗理念上的共性，以及在概念与结构上的互补性提供了新的整合框架和文献支持。最后，研究者对整合框架进行总结，并对其未来发展与应用前景进行了展望。

（二）心理咨询与心理治疗的过程研究

心理咨询与心理治疗的过程研究（Psychotherapy Process Research）属于技术研究的范畴，主要是针对心理咨询与治疗过程的科学研究，即重点关注心理咨询与治疗过程中涉及的具体技术使用情况，包括对构成心理咨询或治疗事件的精确、系统和有控制的观察与分析。以心理咨询为例，虽然其基本要素很简单，可概括为来访者、来访者所经历的痛苦或疾病、咨询师以及咨询师提供的帮助。由于心理咨询形式和环境的多样性以及来访者的个体差异性，心理咨询师需要根据来访者不同的实际情况（如痛苦的原因）和所使用的咨询理论来安排和设定咨询过程，而咨询过程也可被看作一系列操作和事件，它们中的任何一个都可以成为影响最终咨询效果的变量。因此，心理咨询与治疗过程中涉及的所有变量都能成为过程研究的对象，如咨询设置、咨询目标设定以及咨询同盟的构建等。过程研究聚焦于过程变量。具体来说，过程研究涉及的主要变量有咨询师或治疗师的行为变量，来访者、求助者或当事人的行为变量，咨询师或治疗师与当事人的关系变量，等等。

王铭等（2022）对于真实关系在心理治疗中的概念、作用以及近年来的研究进展进行了综述研究，介绍了2011—2020年真实关系影响治疗效果的研究进展，以及影响真实关系的治疗过程变量和个体变量。首先，研究者强调当事人—治疗师关系是预测心理治疗效果最强有力的指标之一，引出心理治疗的三元模型即真实关系、移情和工作同盟，并强调真实关系在其中的重要作用。其次，研究者界定了真实关系的定义和结构，并回顾了其发展历史，同时对真实关系、移情和工作同盟三种当事人—治疗师关系的概念进行了辨析。再次，从真实关系与治疗效果、真实关系与治疗过程的角度分别回顾了近年来的主要研究进展。最后，研究者对于真实关系的意义、影响以及在未来实践中的作用进行了评价与展望。另外，Watkins（2015）还将治疗关系三元模型推广到督导关系，详细阐述了督导关系的临床价值，并为督导研究提出了若干建议。

（三）心理咨询与心理治疗的效果研究

心理咨询与心理治疗的效果（或结果）研究（Psychotherapy Outcome Research）与过程研究一样，也属于技术研究的范畴，重点关注心理咨询与心理治疗过程中涉及的具体技术使用对最终咨询或治疗效果的影响。效果研究是以研究某种（或某些）心理咨询或干预能否在特定个体或群体身上产生期望的临床效果为目标的科学研究。该研究类型更多是以循证医学的框架为基础，通过实验设计为判断咨询或干预效果搜集证据而进行的实证研究。例如，研究者可通过随机对照试验、结果测量和统计数据分析验证干预结果的有效性。与过程研究不同的是，效果研究更加关注效果变量，如心理咨询与治疗后的即时效果、会谈效果，或者使用特定干预技术的临床治疗效果。目前，关于心理咨询与心理治疗的效果研究呈现多样化的特点，既包含随机对照分组的临床实证研究，也不乏综述类与元分析类的总结性研究。

刘明矾等（2022）基于以往研究结果，对绝大多数抑郁症患者经历过痛苦侵入性回忆的消极表象进行干预。通过实验比较了表象修编（Imagery Rescripting，IR）与认知重建（Cognitive Restructuring，CR）技术对具有侵入性表象的亚临床抑郁个体的干预效果。研究者将100名具有侵入性表象的亚临床抑郁个体随机分为表象修编组、认知重建组及候诊组（Waiting-List，WL），并在2个月后进行追踪随访。最终得出结论，针对实验中的被试群体，表象修编技术是减轻抑郁症状的有效手段，且干预效果优于基于言语的认知重建技术。较多研究表明，求助者或当事人评估的真实关系（当事人的知觉体验）与治疗效果呈显著正相关（Ain，2011；Pérez-Rojas et al.，2021）；咨询师或治疗师评估的真实关系（咨询师或治疗师的知觉体验）与治疗效果呈显著正相关（Kivlighan et al.，2017；Bhatia and Gelso，2018；Fuertes et al.，2019）。然而，也有少数研究发现，治疗师评估的真实关系不能预测治疗效果（Kivlighan et al.，2016；Lee and Choi，2019）。另外，Kivlighan等（2015）的研究表明，治疗师评估的真实关系负向预测了治疗效果。尽管如此，Gelso等（2018）仍在一项元分析研究中，共分析了1502名当事人和治疗师。结果表明，任何一方评估的真实关系与治疗效果之间都只达到中等关联的程度（$r=0.38$，$95\%CI=0.30\sim0.44$，$P<0.01$，$d=0.80$）。

（四）心理治疗与认知神经科学、生物医学相结合的研究

近年来，随着认知神经科学、生物医学的发展，运用脑成像技术、基因技术及分析技术探讨心理障碍的神经机制，逐渐成为心理治疗研究中的热点问题。认知神经科学是研究脑与神经系统的结构与功能的交叉性学科，所涉及的研究范围包括但不限于探讨大脑的工作原理和发现大脑疾病的异常机制。目前，有关这一领域的研究主要集中考察神经症及精神分裂症等精神障碍的神经机制。一般来说，具有严重心理问题甚至精神障碍的个体，无法按照社会认可的方式行动，以致其无法适应正常的社会生活，其发生都具有一定的神经机制。例如，重大挫折或应激可能引发个体的焦虑、恐惧或抑郁症状，有的个体甚至可能出现精神分裂症、继发性精神障碍等。因此，探讨精神障碍的成因以及神经机制，对预防、诊断和治疗精神障碍具有重要意义。

周振友等（2022）考察了肠道微生物的构成与精神分裂症患者脑影像和临床

表征之间的联系，提出了肠道微生物影响精神分裂症患者大脑结构和功能的机制假设。他们还进一步阐明了精神分裂症的病理机制，为将肠道微生物纳入精神分裂症的评估与干预提供了理论基础。中国科学院心理研究所的陈楚侨教授课题组采用元分析的方法，量化定义了精神分裂症患者和心理健康者之间的轻微身体异常（Minor Physical Anomalies，MPAs）。结果发现，MPAs 在精神分裂症患者身上有中等的效应值，这表明 MPAs 可能代表着假定的精神分裂症的内在表型（黄佳、陈楚侨，2018）。这些研究为后续精神疾病机理，以及相关药物靶点的研究提供了实验支持。

（五）心理咨询与心理治疗的本土化研究

心理咨询与心理治疗的本土化研究是指在心理咨询与治疗的临床试验或研究中，要考虑到求助者不同的社会文化因素，所采用的概念、理论、方法要能切实反映求助者的文化背景和为其所接受（刘玉娟、叶浩生，2002）。为推进适合文化的本土性心理咨询，必须了解和研究该社会的文化系统、该社会成员的通常心理与行为模式、常患的心理或精神病理、通常的生"病"行为（包括求助行为），以及过去传统的咨询要领及目前的心理治疗经验。我国心理咨询在西方主流心理理论的强势影响下，对这个"舶来品"也必须有一个"改进、消化、吸收和'洋为中用'的本土化过程"。我们应该看到，中国文化背景下的心理咨询本土化不等于斥西化，也不等于传统化，它是在合理地吸收和接纳中西方心理咨询思想和方法的基础上进行的。具体来说，中国文化背景下的心理咨询本土化主要包括两个方面的工作（陈光磊，2005）：其一，改进西方的心理咨询理论和方法，如对精神分析疗法、认知疗法、人本主义疗法等进行一定的修正，使其更适合国人；其二，利用中国传统文化资源，挖掘出具有本土特色的心理咨询理论与方法，如利用道家思想、中医思想分别创立道家认知疗法、中医疗法等。

目前，关于心理咨询与治疗的本土化研究主要包括临床实证量化研究、理论研究、综述研究等形式。在临床实证量化研究中，研究者往往使用本土化的心理咨询与治疗技术对特定群体进行干预，并验证其效果。例如，杨加青等（2005）通过临床试验验证了使用中国道家认知疗法并用盐酸米安色林的方法治疗老年抑郁症的效果。关于心理咨询与治疗本土化的理论研究通常是通过理论解析与论述，将特定取向的国外心理咨询与治疗理论同我国的文化或国情相结合，提出可用于我国民众的新方案。例如，赵健（2022）论述了基于中国画的本土化美术治疗对于听障大学生心理疗愈的可行性与优势。该研究首先分析了中国画的特点；其次分析了听障大学生的生理心理特点，以及中国画对于听障大学生心理疗愈的适用性；最后总结了将中国画美术疗法应用于听障大学生心理调适和自我意识提升的实践方向。关于心理咨询与治疗本土化的综述研究主要通过汇总和梳理实证类型的本土化研究，对关注的特定本土化心理咨询或治疗技术进行总结和评价。例如，卢佳等（2021）以悟践疗法、心理疏导疗法、道家认知疗法为例，对国内本土化认知行为治疗（Cognitive Behavioral Therapy，CBT）的发展现状进行了综述研究。首先，研究者介绍了我国认知行为治疗本土化的发展历史，以及各本土化流派的产生背景和特点；其次，研究者对国内 CBT 本土化主要流派的共同点进行了总结；最后，研究者总结了国内 CBT 本土化发展存在的若干问题，并对 CBT 本土化的发展趋势进行了展望。

二、心理咨询与心理治疗的研究范式

所谓研究范式是指研究问题的基本角度和框架，它为研究者提供了观察事物的基本方式和信念，决定或影响着研究者所选择的研究内容、方法、策略和所提出的理论（黄希庭、张志杰，2010）。概括起来，目前心理咨询与心理治疗比较成熟的研究范式主要包括个案研究、描述性研究、相关研究、实验研究、纵向研究等。

（一）个案研究

个案研究（Case Study）就是以个体、社会机构或组织为观察单位，通过深入调查研究或探讨与之相关的问题。对于个案，不同的学者有不同的理解。如王重鸣（2001）认为，个案就是单一案例或有限数目的案例。辛自强（2021）认为，个案就是能反映研究对象和内容的分析单元，这种分析单元可以被清晰界定。在心理学研究中，个案的范围较广，既可以是个体，也可以是单个的组织、人群、社团、学校，甚至是单个国家或民族。

个案研究法的类型包括描述性个案研究和实验性个案研究。描述性个案研究主要搜集单个被试者各方面的资料并进行分析，如生活史、家庭与人际关系、生活环境等；实验性个案研究主要是通过将个案研究与实验研究相结合，操纵自变量、控制无关变量、观测因变量，从而推断自变量对因变量的效果。个案研究法的优点在于有助于探讨个体身心发展的规律，有助于深入探讨事件变化过程，有助于获得某种假设并进一步研究；该研究范式一般只涉及少数对象，可以节省人力、物力、财力。个案研究法的缺点主要在于研究对象数量少、代表性差，因而所获得的资料往往缺乏可靠性，难以得出普遍性的规律和结论。

李洁等（2021）为了探讨依恋取向的亲子沙盘游戏治疗的关键治愈因素，基于依恋理论与荣格分析心理学理论，以活跃退缩幼儿为例进行了亲子沙盘游戏治疗个案研究。沙盘治疗方案包括 12 组个体沙盘游戏作品和 13 组亲子沙盘游戏作品。首先，该研究报告了个案的基本资料、受理原因及问卷评估效果，社会退缩类型为典型的活跃退缩型。其次，记录了沙盘游戏过程，分为个体沙盘游戏和亲子沙盘游戏两个阶段。再次，在个案结束后，评估了沙盘游戏治疗的效果，通过幼儿日常表现、问卷评估效果与亲子关系，确定了干预的有效性。最后，该研究总结了依恋取向的亲子沙盘游戏治疗的关键治愈因素有两个：其一，在个体沙盘游戏阶段为咨询师与孩子建立起良好治疗关系；其二，在亲子沙盘游戏阶段为幼儿母亲建立教育理念、教育投入度与敏感性等。

（二）描述性研究

作为一种研究范式，描述性研究旨在描述和解释研究时段内事件或研究对象的特征、行为和关系。它通常通过观察、记录和分析数据来收集信息，以了解事物与研究对象的现状、变化和关联。描述性研究的主要目的是描绘和概括研究对象的特征和特点，而非进行因果推论或预测。它可以通过不同的数据收集方法来进行，包括实地观察、问卷调查、访谈、实验或统计数据分析等。描述性研究对探索性研究或量化研究的先导性作用非常重要。通过描述性研究，我们可以了解一个群体的基本情况，获取一些普遍的现象和趋势，为进一步的研究提供线索和理论基础，如横断面流行病学调查就属于描述性研究范式。值得注意的是，描述性研究的结果通常基于已经发生或存在的数据，不能推断因果关系。若想推断因果关系，就需要使用其他类型的研究方法，如实验研究。总之，描述性研究是一种重要的研究范式，可以帮助我们了解研究对象的特征。它是研究过程中的重要一步，也为后续研究提供了重要的参考和基础理论。

黄悦勤（2019）采用标准化的调查方法对中国精神障碍患病率和服务情况进行了全国范围的流行病学调查。该调查于 2012 年启动，共有 32552 份样本，来自全国 31 个省、自治区、直辖市（不包含港澳台地区），涵盖 7 种精神障碍，即心境障碍、焦虑障碍、酒精与药物使用障碍、精神分裂症和其他精神病性障碍、进食障碍、冲动型控制障碍、痴呆。结果发现，除了痴呆，其他 6 种精神障碍的加权 12 个月的患病率为 9.3%，加权终身患病率为 16.6%；焦虑障碍是我国最为常见的精神障碍，加权 12 个月的患病率为 5.0%，加权终身患病率为 7.6%；65 岁及以上老年人痴呆的加权患病率为 5.6%。

（三）相关研究

相关研究主要是应用心理测验的方法探讨变量之间的相关关系，并根据这种关系就研究对象的特征和行为进行解释和预测（郭秀艳，2019）。相关研究的特点主要有：该研究范式多应用于研究的初期，目的在于发现和了解有关变量之间的基本关系，进而为开展更深入、更严格的研究奠定良好的基础。但是，相关研究不能提供因果关系的证据，因为相关研究中变量之间的关系对等，并无因果关系的假设。所以，研究者在进行相关研究时，要特别注意其他变量的影响和作用，尽量避免被变量间表面的高相关所迷惑。总体来看，相关研究范式位于心理学研究方法的第二层次，虽然从理论上说也无法确定因果关系，但比简单的观察法更进一步，能够描述事物间共同变化的关系，能做出更加贴近事实真相的推测。

周忠英等（2018）曾采用相关研究设计，通过两项子研究分别探讨了当事人会谈时的投入与即时会谈效果的关系，以及当事人咨询初期的投入与整体咨询效果的关系。研究一中的被试者为武汉 7 所高校心理健康教育中心以及 1 家精神专科医院心理门诊的求助者，共有 142 名，年龄跨度为 14~29 岁，平均年龄为（20.84±2.23）岁；被试者咨询次数为 1~35 次，其中 89.8% 的被试者咨询次数为 1~10 次。研究者邀请被试者在某一会谈之后填写当事人的投入问卷与会谈评估问卷，采用皮尔逊积差相关法进行统计分析。研究二为追踪研究，被试者来自武汉 4 所高校心理健康教育中心，共有 38 名，年龄跨度为 17~26 岁，平均年龄为（20.41±2.28）岁。追踪这些被试者直到研究结束，咨询次数为 2~7 次。被试者每次会谈后都要填写咨询效果评定量表，收集数据为期 3 个月。结果发现，当事人会谈时的投入与即时会谈效果、在咨询初期的投入与整体咨询效果都呈现显著正相关。进一步的回归分析发现，当事人在咨询初期的投入与整体咨询效果呈现正"U"形的偏态分布，少数投入水平最低的当事人获得中等水平的咨询效果，中等投入水平的当事人咨询效果最差，投入水平最高的当事人的咨询效果最好。

（四）实验研究

实验研究通过控制某些影响实验结果的无关变量，有系统地操作某些实验条件即自变量，然后观察相应现象即因变量指标的变化，从而确定条件与现象间因果关系的一种研究范式。实验研究通过控制和操纵变量来确定原因和结果之间的关系，具有更高的证据性和可靠性。实验研究的思想精髓可以概括为三句话，即操作自变量、控制无关变量、观察因变量。实验研究是探讨事物或变量间因果关系最有效、最有利的手段。其一，实验研究可以人为控制无关变量，虽然会对结果产生影响，但可以剔除研究者不感兴趣或实际操作不需要的变量，使研究结果纯度更高。其二，研究者一般是探讨一个或两个变量，只有控制其他变量，把复杂条件简单化，才能突出研究者要关心的因子。其三，实验研究是用数据揭示事物或变量之间的关系，属于量化研究，能够用数据说明问题，结果具有说服力。

黄佳雨等（2021）为了探讨心理咨询知情同意呈现内容是否影响来访者对咨询师的评价及来访者的求助意愿，实施了一项实验研究。研究者采用 2×2 的组间实验设计，自变量为知情同意呈现内容（两个水平：短视频与长视频）和咨询师的年龄（两个水平：年长与年轻），因变量为求助者对咨询师的评价及其来访者的求助意愿，分别采用咨询师评定量表（Counselor Rating Form-Short Version，CRF-S）与研究者自编的求助意愿问卷（Survey on Willingness to Seek Help，SW-SH）收集因变量指标。被试者为未接受过心理咨询的 97 名非心理学专业大学生。结果显示，大学生对 CRF-S 的评分存在咨询师的年龄差异，其中年长的咨询师得分显著高于年轻的咨询师（$P<0.05$），CRF-S 总分与 SWSH 总分在心理咨询知情同意呈现内容上的主效应不显著（$P>0.05$）。这表明，心理咨询知情同意呈现内容不会显著影响大学生来访者对咨询师的评价及其来访者的求助意愿。

（五）纵向研究

纵向研究（Longitudinal Study）也称追踪研究，是指在一段相对长的时间内对同一个或同一批被试者进行反复、系统的调查、测量或实验的研究。纵向研究的优点在于：其一，纵向研究有利于探讨个体发展过程的连续性与阶段性特点，往往能看到比较完整的发展过程和发展过程中的一些关键转折点，这对于有关心理发展的研究具有重要的意义。其二，纵向研究特别适用于研究发展的稳定性问题和早期影响的作用问题，也适用于个案研究。其三，纵向研究能够弥补相关研究不能推导因果关系的不足。与实验研究相比，纵向研究虽然不能直接分析变量间的因果关系，但研究者可以观测并分析出早期的心理变量对某个心理变量的影响，这对于推导变量间的因果关系大有裨益。

当然，纵向研究也有缺点：其一，纵向研究周期较长，在这一过程中，可能发生被试者流失的情况，这会影响被试者的代表性和研究结果的概括性。其二，纵向研究的时效性较差，有时需要较长时间才能得到研究结果，这会导致研究课题的意义随着时间的推移而逐渐减弱，或研究手段逐渐变得落后。其三，由于纵向研究需要对同一批被试者重复进行研究，有时可能出现练习效应或疲劳效应。这些都是研究者需要注意的问题。

课后思考题

1. 心理咨询与心理治疗的概念、核心特征是什么？
2. 心理咨询与心理治疗有哪些共性和差异？
3. 当前心理咨询与心理治疗研究的主题有哪些？
4. 以心理咨询与心理治疗的某种研究范式为例，谈谈如何开展研究？

推荐阅读

［1］雷秀雅，吴宝沛，杨阳，等．心理咨询与治疗［M］．北京：中国人民大学出版社，2023.

［2］钱铭怡．心理咨询与心理治疗［M］．北京：北京大学出版社，2016.

［3］辛自强．心理学研究方法［M］．北京：北京师范大学出版社，2021.

第二章 心理咨询与心理治疗伦理

心理咨询与心理治疗中的伦理问题是心理咨询师与心理治疗师首先要面对、思考和解决的问题。对伦理的敏感性，是判断他们专业胜任力的重要指标之一。作为心理咨询与心理治疗的工作者，对心理咨询与心理治疗中伦理问题的认识不能仅停留在理性层面，更要落实在实际操作层面。心理咨询与心理治疗中伦理问题的重要性在于，不仅涉及当事人，更会对实践工作乃至整个行业的健康与良性发展产生深刻的影响。本章主要介绍心理咨询与心理治疗过程中伦理的含义、特点与原则，以及伦理规范的基本内容，以期为心理咨询与心理治疗从业者提供指导原则和参考依据。

第一节 心理咨询与心理治疗伦理的含义与特点

一、心理咨询与心理治疗伦理的含义

伦理对应的英文单词是"Ethics"，该词还有道德准则、道德原则的含义。在汉语中，伦理被理解为人伦道德之理，是指在处理人与人、人与社会关系时应遵循的道理和准则。一般来说，各种职业或活动都具有自己相对应的伦理，心理咨询与心理治疗也不例外。与其他的职业伦理一样，心理咨询与心理治疗伦理在概念界定上也存在一定难度。

一般情况下，心理咨询与心理治疗伦理在操作层面上可解释为，作为心理咨

询与心理治疗从业者（主要指心理咨询师与心理治疗师）在工作过程中需遵守的伦理道德规范。其具体包括但不限于以国家法律为准绳，严格遵循心理咨询与治疗专业伦理守则与标准行事；同时，要以来访者的福祉为前提，建立公正有效的咨访关系，确保咨访双方的责任和权利得到充分体现与保障。

二、心理咨询与心理治疗伦理的特点

与其他工作相比，心理咨询与心理治疗在伦理上具有如下特点。

（一）工作关系上的纯洁性

由于心理咨询与心理治疗工作是在咨询师或治疗师与来访者之间所建立的关系中开展的，因而心理咨询与治疗伦理中的关系伦理一般会表现出私密性特点，特别是在情感关系上，关系处理更为复杂。因此，心理咨询与治疗伦理明确规定，咨询师或治疗师在工作期间，不得与来访者建立除工作关系以外的关系，如恋爱关系、经济关系等。《中国心理学会临床与咨询心理学工作伦理守则（第二版）》规定："心理师应公正对待寻求专业服务者，不得因寻求专业服务者的年龄、性别、种族、性取向、宗教信仰和政治态度、文化、身体状况、社会经济状况等任何方面的因素而歧视对方。"Corey M S 和 Corey G（2021）认为，为保证心理咨询或心理治疗的从业者与求助者工作关系的纯洁性，有些伦理行为应具有一定的强制性。例如，心理咨询师与治疗师不得与当前寻求专业服务者或其家庭成员发生任何形式的亲密关系，不得为与自己有过亲密关系的来访者提供心理咨询或心理治疗。这里所说的"不得"就表示具有强制性。

（二）保持平等与公正的警觉性

心理咨询与心理治疗工作以运用专业技能解决来访者的问题为工作目标，所以很容易使来访者对咨询师产生崇拜、依赖和顺从等心理。平等与公正是心理咨询师与心理治疗师应该遵循的重要原则之一；应该对所有来访者一视同仁，不论他们的背景、性别、种族、宗教或其他身份特征；不能歧视或偏袒任何来访者，要根据每个人的需求和情况提供公正的咨询服务。这就要求咨询师或治疗师时刻保持对咨访关系平等与公正的警觉性，避免出现违背伦理原则的问题。在心理咨询与治疗工作中，专业人员采取一种为来访者尽力而为的积极态度，而不是仅限于伦理守则而远离麻烦的伦理实践，这就是保持平等与公正警觉性的表现（Corey M S and Corey G，2021）。

（三）有效应对文化与价值观的差异性

心理咨询与心理治疗中的咨访双方，在文化背景和价值观念上均有自己的体系。尽管心理咨询与治疗工作的目标并非对文化与价值观进行矫正，但咨访双方如果在此方面存在差异，则会给工作带来极大的影响。心理咨询师或治疗师在伦理实践中不仅要遵循伦理规范，还要理解伦理规范及原则所蕴含的价值观与精神内核，确保来访者利益最大化。因为害怕违反伦理规定而不顾及来访者利益的所谓遵循伦理的实践，或者说纯粹避免风险的伦理实践，都是不完美和不理想的伦理实践（Corey et al.，2019）。因此，在心理咨询与治疗伦理中，有效应对文化与价值观的差异性十分重要。

（四）咨访双方责权的明确性

来访者的心理问题更多的是无目的和无意识的内隐性问题，也有很多是主观感受性的和内心深处的问题，并非都显现在情绪与行为上，这就使心理咨询与治疗的疗效评估变得复杂。与其他职业相比，在心理咨询与治疗过程中，明确咨访双方的责权，一直都是非常复杂、易产生分歧和纠纷的问题。

一般来说，心理咨询师与治疗师在责任方面要遵守职业道德，遵守国家有关法律法规，帮助求助者解决心理问题，严格遵守保密原则，并说明保密例外。心理咨询师与治疗师在权利方面，要了解与求助者心理问题有关的个人资料，选择合适的求助者，本着对求助者负责的态度，有权利提出转介或终止咨询；在义务方面，向求助者介绍自己的受训背景，出示营业执照和执业资格等相关证件，遵守咨询机构的相关规定，遵守和执行事先商定好的咨询方案，尊重求助者，遵守预约时间，如有特殊情况不能按时赴约应提前告知求助者。求助者或来访者在责任方面，要提供与心理问题有关的真实资料，积极主动地与咨询师一起探索解决问题的方法，完成双方商定的作业；在权利方面，可以了解咨询师的受训背景和执业资格，了解咨询的具体方法、过程和原理，选择或更换合适的咨询师，提出转介或中止咨询，对咨询方案的内容有知情权、协商权和选择权；在义务方面，需要遵守咨询机构的相关规定，遵守和执行事先商定好的咨询方案，尊重咨询师，遵守预约时间，如有特殊情况不能按时赴约应提前告知咨询师等。

（五）全方位的保密性

保密性是心理咨询与心理治疗中最基本的要求。心理咨询师与治疗师在聆听来访者的心声时，必须承诺永不向第三方透露这方面的信息。一般来说，心理咨询与治疗都是在私密空间中完成的，这就要求心理咨询师或治疗师不仅要对服务对象的个人信息保密，包括咨询者的身份、心理状况、家庭情况和其他与咨询相关的信息；还要对整个工作过程与内容保密。心理咨询师与治疗师应该在咨询开始前向咨询者解释这一点并帮助咨询者理解保密性的重要性。

基于心理咨询与心理治疗伦理的这些特点，我们将在本章第二节对相关内容进行系统的分析与解释。

第二节　心理咨询与心理治疗伦理规范的内容

心理咨询与心理治疗属于专业性很强的行业，但目前该行业存在从业人员专业素养参差不齐、心理服务总体水平偏低、来访者或求助者满意度较低等问题，这些问题与从业者伦理道德水准存在很大的关系。当前，关于心理咨询师与治疗师的伦理问题已经引起了临床心理学界的重点关注，已成为国内外心理健康服务中的重要议题之一。本节主要介绍在心理咨询与心理治疗过程中所要遵循的伦理规范基本内容，主要包括专业胜任力、知情同意、保护求助者的隐私权以及多重关系与界限伦理等。

一、专业胜任力

专业胜任力是从事心理咨询与治疗服务工作的重要伦理要求，是所有心理咨询师与治疗师都应当遵守的伦理准则。如果心理咨询师不能胜任自身工作或缺乏责任意识，就很难为求助者提供有效的帮助，甚至会有很大可能对求助者造成伤害。已有研究表明，在心理咨询与治疗过程中，相对于理论与技术，心理咨询师与治疗师的个人特质对咨询及其治疗的效果更有作用。帕特森（Patterson）认为，咨询的关键不在于咨询师做什么，而在于心理咨询师是谁（钱铭怡，2016）。所以，具备专业胜任力的从业人员是心理咨询与治疗行业存在以及可持续发展的重要前提，也有助于促进行业的规范化。

（一）专业胜任力的组成部分

关于心理咨询师与治疗师专业胜任力的组成部分，国内很多学者比较赞同钱铭怡（2021）的观点，即把专业胜任力分为专业知识、专业技能、专业态度三个部分。

1. 具备心理咨询与治疗的专业知识

心理咨询师与治疗师应具备的专业知识主要包括基础心理学、社会心理学、发展心理学、人格心理学、变态心理学、健康心理学、心理测量学、咨询心理学、临床心理学等学科相关领域的知识。心理咨询师与治疗师还应该实时掌握上述相关学科领域的历史发展、基本理论、研究方法和研究成果等，这关系到每名心理咨询师与治疗师能否跟上专业领域的时代步伐。因为心理咨询与心理治疗的理论与研究不会停滞不前，而是会不断更新与发展，所以心理咨询师与治疗师要做到与时俱进。

要做到上述两点，并不太容易，一般都要经过对这些学科系统性的学习。江光荣（2012）认为，心理咨询师与治疗师构建系统性知识体系的基础就是重视学历教育与正规训练。《中国心理学会临床与咨询心理学专业机构和专业人员注册标准（第二版）》指出，临床与咨询心理学专业的本科生、硕士生、博士生培养方案中的课程应既包含基础课程（如人格心理学、发展心理学、实验心理学、社会心理学等），也包含专业课程（如心理评估与会谈、团体心理辅导、心理咨询与治疗实务等），还提出了一些明确的实践、实习与督导要求。当然，这不是绝对的。一些社会人员由于历史因素虽然未接受过系统的、正规的学历教育，但如果能按照国家职业标准的相关规定，对自身所缺乏的专业知识进行系统的补充学习，并达到一定的资质要求，也是可以从事心理咨询与心理治疗工作的。

2. 具备心理咨询与治疗的专业技能

除了具备专业知识，心理咨询师与治疗师还要具备从事心理咨询与治疗工作的专业技能。这些技能根据不同性质，可以分为临床技能和技术技能两种类型。所谓临床技能是指心理咨询与治疗从业者所需掌握的共通性技能，如成功建立咨访关系的能力、有效沟通的能力和对来访者进行评估的能力等。这些临床技能需要心理咨询与治疗从业者长期对相关技能进行练习，才能将这些技能真正且有效地应用于心理咨询与治疗的实际工作中。与单纯掌握系统性的知识相比，将知识真正运用到来访者身上则是对从业者更高层次的要求。所谓技术技能是指心理咨询与治疗从业者所需掌握的具有个性化的技能。这些个性化技能主要体现在心理咨询与治疗从业者对具体咨询与治疗操作技术的有效运用方面，针对同样的心理症状，不同的从业者可能采取的有效干预治疗方法不同。如对于有焦虑症的求助者，有的从业者可能采取系统脱敏疗法进行干预，有的从业者可能采用理性情绪疗法进行干预，但不管采取什么方法干预，均须保证干预有效。也就是说，每位心理咨询与治疗从业者要找到既有针对性、又最为擅长的最佳干预方案。

另外，心理咨询师与治疗师还应该对自己的临床技术及知识的局限性具有较为清醒的认识。正所谓"术业有专攻"。毕竟，心理咨询师与治疗师水平再高，也不太可能胜任所有的临床领域，某一特定领域的临床技术也不太可能对所有的心理问题产生等同的效果。只有认识到这些局限性，心理咨询师与治疗师才能在有限的、可以胜任的临床领域内游刃有余。

3. 具备心理咨询与治疗的专业态度

专业态度是指心理咨询与治疗从业者对求助者和个人工作所持的尊重、认真、严谨、负责的态度以及敬业精神等。具体包括：①始终将求助者的需求放在首位，确保不对求助者造成伤害，愿意尽最大努力帮助求助者；②认真做好每次咨询与治疗工作，愿意付出更多的精力与时间进行专业学习、研究，并虚心向同行请教；③本着对求助者高度负责的态度，一旦发现求助者的问题是自身无法解决的，或者不在心理咨询与治疗的范围内，应及时安排求助者转介或转诊；④严格遵守心理咨询与治疗所有的伦理规范与道德准则。樊富珉（2018）认为，心理咨询与治疗的伦理规范是咨询师核心能力的基础。国外学者 Welfel（2015）也指出，判断咨询师是否具备胜任力的一个基本方法是看来访者是否在咨询中获益，以及咨询师能否避免不必要的风险。这些学者的论述都强调了在心理咨询与治疗工作中从业者专业态度的重要性。

以上我们重点分析了构成心理咨询师与治疗师专业胜任力的三种要素，即专业知识、专业技能、专业态度。有两点需要注意：其一，从业者专业胜任力并不是专业知识、专业技能、专业态度三种要素的简单相加，而是在实际咨询与治疗工作中三种要素综合作用的结果；其二，从业者专业胜任力并非只有这三种要素，还有从业者的智力、精力和情感投入等要素，只不过这三种要素显得相对重要一些。

（二）专业胜任力的评估

我们如何判断心理咨询师与治疗师专业胜任力水平的高低？这就涉及对从业者专业胜任力的评估问题。国外学者 Kalsolw 等（2007）提出，应该从三个维度对心理咨询师与治疗师的专业胜任力进行评估，即多特质评估、多方法评估与多来源评估。

1. 多特质评估

对心理咨询师与治疗师专业胜任力的多特质评估是指评估时采用多方面指标，包括知识、技能、态度、人格特质等。这就意味着在评估时，我们需要同时从多种特质出发，对咨询师进行个人化、整体化的评估，而非仅关注单一的特质或能力。这是因为心理咨询师与治疗师的专业胜任力包括多个要素，其评估也必然包含多个指标，否则无法涵盖其专业胜任力的内涵与要素。

2. 多方法评估

对心理咨询师与治疗师专业胜任力的评估不能采用单一的方法，而要采用多种不同的测量方法。具体包括督导评分、模拟环境下的标准化测试、结构性的临床测验、心理咨询师与治疗师自陈报告、求助者问卷调查等。只有采用多种方法对心理咨询师与治疗师的专业胜任力进行评估，才能保证全面地了解心理咨询师与治疗师在真实咨询与治疗情境中的行为反应及专业表现。因为各种方法评估的结果之间可以相互印证，保证评估在不同的情境中具有较好的稳定性与一致性，即具有可靠的信度。

3. 多来源评估

对心理咨询师与治疗师专业胜任力的评估还需要从多个来源、多种角度以及不同环境中收集信息，有效的评估应该来源多样化，包含多个评估者如观察者、求助者、督导者、同行者、咨询师与治疗师自身等的反馈。基于多来源信息进行专业胜任力评估有助于增强评估的公平性和全面性，进而保障来访者和咨询师双方的权益。另外，心理咨询师与治疗师专业胜任力的多来源评估还有助于保证评估的效度。这符合评估效度验证常用的三角验证法，包括不同的数据来源、不同的研究者、多种理论视角以及不同的研究方法。三角检验是质性研究中常用的一种效度检验方法，其基本原则是从多种角度对资料的收集与分析进行检验，得到的一致性程度越高，表明研究的效度越高（姒刚彦等，2008）。

（三）专业胜任力的提升策略

心理咨询师与治疗师专业胜任力的形成并不是一蹴而就的，从完全不胜任到完全胜任可以看作一个连续且较为漫长的过程，这需要心理咨询师与治疗师的不断努力。本书提出以下几点策略供心理咨询与治疗从业者参考。

1. 具有增强专业胜任力的自觉意识，善于进行自我心理调适

心理咨询师与治疗师想要提高专业胜任力水平，首先要增强自我觉知与意识。心理咨询师与治疗师是专业胜任力提高的主体，也是内因。根据哲学观点，内因是事物发展变化的根本动力，外因还要通过内因起作用。钱铭怡（2016）指出，心理咨询师与治疗师能否敏锐地觉知自我状态并具有积极自我提升的意识是专业胜任力的根本保障。心理咨询与治疗是一项较为复杂的活动，心理咨询师与治疗师往往在咨询与治疗活动中投入大量的精力、情感并长期接触存在心理困扰的求助者，因而咨询师也很容易出现职业倦怠或心理健康问题，进而可能影响到其专业胜任力。心理咨询师与治疗师应该及时觉知自我状态并学会关爱自己，重视自我保健，如定期接受督导、进行个人治疗、练习自我探索、积极寻求同行帮助等。

另外，我们也要注意到，心理咨询师与治疗师其实也是普通人，也要具有自我保健意识，善于进行自我心理调适。当心理咨询师察觉到自我心理调适已无法奏效，或者被同行、来访者等指出个人身心问题已对工作产生影响时，就需要通过督导或同行等专业人员来评估该问题的严重性，并根据评估结果采取积极行动来完善自我，保持自身专业胜任力。如果问题较严重，咨询师与治疗师则需要暂时停止心理咨询与治疗工作，采用个人治疗等方法对自身问题进行一定程度的处理，直至专业胜任力恢复。也就是说，心理咨询师与治疗师也要正视自己的心理与精神状态，保持最佳状态去从事心理咨询与治疗工作。

2. 持续接受教育培训，在实践中培养专业胜任力

心理咨询师与治疗师虽然均经历过正规的教育，具备相关学科领域内较为系统的知识，但心理咨询与治疗领域的理论技术、评估方法与干预策略仍在不断发展。所以，心理咨询师与治疗师还需继续学习，不能满足于现状。俗话说："活到老学到老。"现在是终身学习的时代，心理咨询师与治疗师只有持续不断地学习，才能适应专业发展的变化以及由时代发展引来的求助者的变化等。同时，心理咨询师与治疗师还要不断地进行咨询与治疗实践，即使没有条件实践，也需要创造条件实践。因为只有把所学相关领域的专业知识运用于咨询与治疗的实践，才能形成专业技能，最终提升专业胜任力水平。

心理咨询师与治疗师在经过恰当的教育培训、督导、咨询、研究和具有专业经验的基础上，在自己的专业能力范围内为他人提供相关领域的服务、教学或从

事行为研究。如果从业者所提供的服务、教学或进行的行为研究涉及自身不熟悉的群体、地域、技术或技巧，那么还需要提前接受相关的教育培训、督导，进行咨询和学习。有时，心理咨询师与治疗师可能会遇上比较特殊的个案，但又没有足够的胜任能力，这时可委托接受过与之相关的培训或有类似经验的从业者为来访者提供服务，从而确保为有需要的人提供服务。同时，他们要及时进行该个案干预的相关研究、培训、咨询和学习，防止以后出现类似情况。值得注意的是，目前在一些新兴领域，还未建立起被广泛认可的培训合格标准，心理咨询师与治疗师要尽力使自己有足够的专业胜任力，确保自己不会对求助者、学生、被督导者、研究参与者、机构中的来访者或其他人造成伤害。

3. 不断提升自身的职业伦理水平，加强职业素养

每个从事心理咨询与治疗工作的从业者都必须熟知职业伦理规范，它既是成为一名合格心理咨询师与治疗师的基础，也是提升专业胜任力的必备条件。目前，国内外心理咨询与治疗专业组织均高度重视职业伦理准则，并对从业者的伦理学习提出了明确要求，因为伦理准则对心理健康从业者及其工作具有规范、指导和保护作用，能够帮助从业者明晰自己的行为界限，对心理咨询师与治疗师队伍的健康发展具有重要意义。心理咨询师与治疗师可以通过自学、课程培训、伦理督导、伦理决策演练以及案例分析与研讨等方式来学习和掌握职业伦理准则，明确伦理道德标准并付诸实践，提高自身伦理敏感度，这是心理咨询师与治疗师维持并发展自身专业胜任力的必经之路。

另外，心理咨询师与治疗师还需要注意培养自己的职业素养，提升职业伦理与道德水平。在咨询与治疗过程中，心理咨询师与治疗师要以来访者的利益为重，避免来访者受到伤害，要尊重来访者的人格和想法，以平等、真诚的态度对待来访者。这样，心理咨询师与治疗师在帮助来访者实现自我成长的同时，自身的专业胜任力也会得到提升。

二、知情同意

（一）知情同意的内涵

知情同意是心理咨询师与治疗师在咨询与治疗的过程中所要遵循的重要伦理道德规范。求助者或来访者实际上也可以理解为消费者，他们直接或间接地购买咨询与治疗这种专业服务。知情同意实质上就是作为消费者，求助者或来访者在

伦理上和法律上均拥有了解这些服务潜在结果和性质的权利（Lambert，2003）。知情同意具有两个核心方面：其一，告知求助者或来访者相关信息，求助者或来访者需要以此作出理智的判断来决定是否开始咨询；其二，自愿同意，即求助者或来访者自愿参与这个活动并非出于强迫或迫于压力。所以，咨询师与治疗师需要提供充足的信息，以便让求助者或来访者决定其在咨询与治疗中投入的程度。知情同意的基础是将求助者或来访者看作自主的个体，其能引导自身行为并与咨询师或治疗师合作以促成必要的改变。知情同意的需求立足于心理咨询与治疗合作的模式，专业人员利用专长帮助求助者或来访者达成他们的目标。另外，求助者或来访者也需要利用他们对自身的理解和个人所处的环境，帮助咨询师或治疗师找到最佳的心理干预策略。

（二）知情同意的内容

1. 知晓所拥有的各项权利

在心理咨询与治疗的过程中，心理咨询师或治疗师首先要让求助者或来访者知晓自己所有的权利。这些权利具体包括：①来访者对咨询或治疗记录的使用权；②来访者选择咨询师和积极主动参与干预计划的权利；③来访者拒绝咨询的权利；④来访者寻求咨询其他相关问题的权利，以及问题得到清楚解答的权利；⑤保密权利，确保个人隐私得到保护；⑥获得提前督导或其他心理健康专家介入的权利；⑦知道咨询师专业资格和受培训情况的权利。如有必要，咨询师或治疗师向求助者或来访者说明自己的能力、经验，所具有的资格证书和相关的从业经历等。

2. 知晓所提供服务的性质与整个服务过程

心理咨询师或治疗师要向求助者或来访者清楚地解释所提供的所有服务的性质与整个过程。具体包括：其一，解释服务的目的、目标，服务中使用的技巧、过程，服务的限制，可能存在的风险，服务的益处。其二，要让求助者或来访者知晓自己有隐私权，同时应向其解释保密的限制，包括督导或治疗团队会如何参与咨询。其三，求助者或来访者应当清楚地知晓咨询记录的所有信息，也就是说，咨询结束后，应该给求助者或来访者呈现咨询记录的内容，并签字确认。其四，在制订咨询或治疗计划的过程中，心理咨询师或治疗师可以征询求助者或来访者的意见，或直接邀请他们参与计划的制订。其五，心理咨询师或治疗师在中途如果需要改变咨询或治疗模式，应该提前告知求助者或来访者。当然，求助者或来访者是可以拒绝咨询师或治疗师的,而咨询师或治疗师需要说明拒绝的后果。其六,心理咨询师或治疗师还应该提前告知求助者或来访者,如果有极特殊的情况发生,如突发疾病或死亡,导致无法继续咨询或治疗,应该如何处理等。

3. 对参与研究的知情同意内容

如果心理咨询师或治疗师需要求助者或来访者参与相关研究,需要告知参与者相关的研究内容,具体包括:①研究参与者的权利,即研究参与者有自愿参与并随时退出的权利;②研究目的、预期时间和程度,以便研究参与者了解研究性质及其对自己可能产生的影响,如潜在的风险、不适感或负面作用;③退出或中断的权利,即研究开始后,参与者有权退出或中断研究,并被告知退出或中断研究的可预期结果;④研究的程序,便于研究参与者能适当了解预见可能出现的情况;⑤研究对象有提问、获知研究结果的权利及隐私受尊重和保护的权利;⑥参与研究的益处与奖励,即研究结果将对研究对象所产生的益处;⑦在研究过程中如有疑问可向谁咨询,同时应为潜在参与者提供机会,保证其可以提出问题并获得解答等。

对于一些使用实验性治疗手段的干预性研究,心理治疗师要在开始治疗前向研究参与者说明:①干预治疗的实验性质;②在合适的前提下,是否会为对照组提供相同的服务;③治疗组和对照组的分配原则;④如果个体不愿意参加研究或中途退出研究,还可以选择的治疗方法等。另外,研究中如果需要对参与者录音录像,心理治疗师应当在未进行任何形式的声音或图/影像记录之前征得参与者的知情同意。

(三) 知情同意的方法

知情同意的方法主要有两种:一是口头告知,二是书面告知。

1. 口头告知

口头告知是指心理咨询师或治疗师采用面对面的口头言语方式向求助者或来访者告知相关内容与信息。有研究表明,20 世纪八九十年代,大部分咨询师或治疗师仅是通过口头告知的方式使求助者或来访者达成知情同意的目标（Somberg et al.，1993）。口头告知的优点包括:一方面,口头告知具有一定的灵活性。心理咨询师或治疗师可以根据求助者或来访者的实际情况或心理症状特点,适当改变一些措辞以适应个体的独特需要,从而使这个过程显得更为人性化和个人化。另一方面,口头告知能增强双方沟通的互动性。也就是说,口头告知方式能够鼓励求助者或来访者提出问题，从而让求助者充分投入讨论中。

当然，也不能忽略口头告知方式的局限性：其一，求助者或来访者的听觉通道在较短时间内接收了较多的信息，可能被太多的信息所淹没，会忘记或者不能将所听到的信息全部吸收。其二，求助者或来访者一般面临的压力越大，其遗忘的可能性也就越大。求助者或来访者选择来见咨询师，其情绪会很低落，可能会导致其认知能力受到影响。如果求助者或来访者没有可以带回家的书面材料，那么就无法回顾信息或明确自己是否真正理解了这些信息。即使利用了书面材料，遗忘也是最大的问题。

2. 书面告知

书面告知是指心理咨询师或治疗师采用书面材料的方式向求助者或来访者告知相关内容与信息。用于知情同意的书面材料形式繁多，主要有以下可供选择的几种形式：第一种形式是求助者或来访者的信息手册。该手册对权益、风险、目标和治疗的方法，以及费用、时长和流程等信息提供了详尽的描述。它强调专业人员就治疗过程的看法与求助者进行沟通的重要性，其中包括治疗取向和所提供的服务类型。该手册通常由经过专业设计的几页文档组成。它既可以作为咨询的宣传手册、咨访双方的默认合同，也可以作为心理咨询师或治疗师与求助者或来访者就其预期关怀标准的沟通媒介。第二种形式是求助者或来访者的权利声明（Declaration of Client Rights）。这种书面材料一般以简洁、正式的表格形式呈现求助者或来访者在心理咨询或治疗过程中所拥有的一些权利。结尾处往往需要求助者或来访者亲笔签字确认。第三种形式为心理治疗或咨询合同（Psychotherapy or Counseling Contract）。该合同以文本的形式描述了心理咨询与治疗参与者的权利和义务。这种形式对一些不情愿的求助者或来访者比较有用。另外，既然是一种合同，就需要咨询师或治疗师与求助者或来访者双方签字。第四种形式是同意治疗表（Consent-to-Treatment Form）。该形式可以文本或表格的方式呈现，一般比较简短，主要适用于具有特殊咨询内容的求助者或来访者。

书面告知方式的最大优点在于，它们能成为永久的记录，日后咨询师或治疗师与求助者或来访者双方向他人咨询时都可以利用这些文件。如果求助者或来访者今后对治疗有不满、抱怨或误解，这些记录能够为咨询师或治疗师的申辩提供支持，即求助者或来访者曾经是知情同意的。另外，在心理咨询的过程中，都面临一个共性的问题，那就是求助者或来访者容易偏离要咨询的中心与主题，即使是思维最清晰、最积极的求助者也不例外。而心理咨询师或治疗师根据书面材料，可以将求助者或来访者的注意力引导到话题上，防止其偏离中心主题，同时可以减少对咨询过程的遗忘，或避免为了回忆主题而进行的冗长表述。

书面告知方式也有一定的缺点。首先，该方式容易被误用。这些书面材料的存在往往使治疗师或咨询师过度依赖它们，甚至一些咨询师会错误地认为，这些书面文件可以替代他们对一些话题的讨论与分析。于是，在这种情况下，知情同意书或权利声明等就可能成为一种形式，而来访者的权利也得不到切实的保护（Zuckerman，2003）。事实上，在很多咨询环境中，知情同意文件是由文书人员拿给求助者的，咨询师在预约之前就已经签字了。这种方式违反了专业精神和指导原则。其次，该方式对求助者或来访者的文化水平有较高的要求。有研究发现，一些知情同意表格需要求助者或来访者至少具备高中学历的读写水平。在实际咨询与治疗过程中，很难保证所有的求助者或来访者都具有足够高的读写水平。针对这一问题，汉德尔斯曼（Handelsman et al.，2005）提出了一个可操作的增强可读性的建议，即减少每个句子的用词数量和每个单词的音节数量。也就是说，我们可以通过成熟的文字处理较容易地提高知情同意表格的可读性与通俗性水平。

三、保护求助者的隐私权

（一）相关概念

1. 求助者的隐私

隐私是指个人不愿公开或告知他人的秘密，通常是个人生活中不愿被他人所知，并且对他人和社会无实质性负面影响的信息。具体包括三个方面的内容：①个人信息也称个人情报资料，如头像、年龄、昵称、姓名、职业、工作单位、联系方式、财产状况、身体与心理健康状况、婚恋情况、家庭资料、社会关系等；②个人活动，是指与他人和社会公共利益无关的活动，如个人的日常生活、嗜好、习惯、兴趣爱好、行为决定等；③个人领域也称私人空间，是指个人的隐私范围，如身体的隐私部位、三围、缺陷、人身信息、住所、日记本、相册、通信记录等。需要注意的是，一些处于半公开状态、较少为人所知的个人信息，如果能通过合法的公开途径得知就不算个人隐私（王利明，2012）。对于咨询与治疗过程的求助者，隐私还包括文字咨询时开启的聊天记录、电话咨询时开启的电话录音资料、填写的问卷与量表测量数据，以及咨询与治疗过程中的录音、录像及其他的备份资料等。

2. 保密

保密是心理咨询与治疗行为的一般标准，要求咨询师与治疗师及其他专业人员不得与任何人讨论有关求助者的信息。保密既是法律对个人信息保护的要求，也是在道德层面上保护求助者秘密的义务。如今，保密作为心理咨询与治疗行业重要的伦理准则，对维持专业关系至关重要，需要专业人员向求助者明确承诺。除非法律要求或者求助者同意，否则不得泄露求助者的任何信息。咨询师与治疗师在与求助者接触之初，就应明确专业关系中的保密性，这对建立专业咨访关系、获得求助者的信任和对专业行为有帮助的个人信息至关重要。

（二）保护求助者隐私权的道德基础

保护求助者隐私权的道德基础主要包括自主性原则、诚信原则、善行和无伤害原则等。

1. 自主性原则

保护求助者隐私权即保密问题涉及的道德基础首先是自主性原则。尊重自主性，是指赋予每个人权利，使他们决定哪些私人信息可以公开，哪些不能公开。牛顿（Newton，1989）认为，隐私权是人身权利最为基础的组成部分。如果个人没有权利决定自己的秘密可以被哪些人知道，那么所谓真实自我就无从谈起。对保密性的破坏从根本上说是无视人的尊严和对隐私的侵犯。

2. 诚信原则

保护求助者隐私权以诚信为基础，因为咨询师与治疗师正式或非正式地向求助者承诺过不会把他们的信息泄露出去。从道德层面来讲，咨询师与治疗师严格保守秘密是他们正直、诚信和值得尊重的体现。捍卫求助者的隐私还意味着在真正意义上肯定求助者寻求治疗帮助的勇气，是对泄密给人们造成痛苦的最真挚的共情。严格保密要求为人正直、诚信，因为保守秘密并不容易，人都有分享的欲望，即使是持有资格证书的心理咨询师与治疗师等专业人员也不例外。

3. 善行和无伤害原则

保护求助者隐私权问题涉及善行和无伤害原则，这是因为违背保密性会使求助者感到被欺骗，从而导致他们不愿意再进行咨询，他们会觉得无法从一个受到欺骗的地方再获得任何帮助。破坏保密性还可能将求助者置于身心危险之中。例如，求助者向咨询师或治疗师述说了一个十分令人难堪的隐私后，却在一次社交活动中发现人们在传播这个秘密，他一定会觉得颜面扫地。接下来，他很可能停止正在进行的咨询或治疗，而且可能退出有助于他稳定情绪的非常重要的朋友圈。不仅如此，侵犯求助者隐私权还可能导致公众失去对心理咨询与治疗整个行业的信任感，使那些本来可以从心理咨询中获益的个体对心理咨询与治疗产生质疑。

（三）保护求助者隐私权的内容

保护求助者隐私权的问题是心理咨询与治疗专业行为的基础，涉及的规定内容如下。

1. 尊重求助者的隐私权

咨询师与治疗师需要尊重求助者的隐私权。咨询师不能随意打探求助者的私人信息，除非是对咨询过程有帮助的信息。咨询师只能出于专业方面的目的，与跟求助者或个案有直接关系的人讨论咨询过程中获得的信息。咨询师充当被咨询者时，只能书面或口头报告与咨询密切相关的数据，同时要设法保护求助者的身份不被泄露，避免出现侵犯求助者隐私权的不当行为。

2. 尊重保密原则

咨询师与治疗师不得在未经求助者同意，或与法律、伦理要求相违背的情况下向他人泄露保密信息。他们有责任采取适当的措施保护通过各种方式获得的求助者信息，要对法律或机构制度以及在专业和科学关系中的相关限制有所了解。在咨询与治疗的开始以及整个过程中，咨询师与治疗师要让求助者知道保密原则的限制，在无特殊情况时都不能打破保密原则。

3. 限制求助者隐私知晓范围

咨询师与治疗师需要全力保证自己身边的工作人员，包括自己的雇员、学生、被督导者、助理及志愿者都遵守保密协议，和自己一样尊重求助者的隐私权。如果对求助者的咨询与治疗是由一个治疗团队负责或是参与的，需要让求助者知道该团队的存在、成员的构成、团队共享的信息及分享信息的目的。咨询师与治疗师只能同与自己有专业或科研关系的人或机构讨论保密原则。也就是说，不能与法律上不能给予知情同意的人、与该问题无明确关系的人或他们的法律代表交谈涉及求助者个人隐私的内容。总之，咨询师与治疗师要尽可能限制求助者隐私的知晓范围，将其控制在最小范围内。

4. 尽量减少披露信息

在披露求助者保密信息之前，咨询师与治疗师应尽可能让求助者知情并参与信息披露决策过程。如果客观上的确需要披露求助者的保密信息，则应将披露信息限定在最基本的范围内。咨询师与治疗师如果需要披露保密信息，则必须征得机构或个体的来访者/患者或代表来访者/患者的法律授权人的许可，法律允许的情况除外。另外，披露信息的目的要正当，具体包括：①提供所需的专业服务；②获得适当的专业咨询；③保护求助者、治疗师与咨询师或其他人不受伤害。总而言之，对信息的披露要尽可能限制在最小的范围内以达到预设的目的。

5. 记录过程中尽量避免侵犯求助者的隐私权

心理咨询师与治疗师在书面和口头报告以及咨询中，只能记录与其沟通目的紧密相关的信息。咨询师只有在征得当事人或其法律代表的同意后，才能用电子设备或其他方式记录咨询过程，才能有权记录服务对象的声音和形象。另外，咨询师需保证咨询记录的安全存放，只有得到授权的人才能获得咨询记录。

6. 保密原则不适用的情况

当然，保密原则也不是绝对的，如在一些危险情况或法律的要求下也有例外。一般来说，保密原则在如下情况中不适用：其一，披露信息是为了保护求助者或是避免对他人造成可预见的伤害；其二，法律要求必须披露信息；其三，涉及临终关怀问题；其四，出于同事商讨咨询与治疗目的。咨询师与治疗师如果不能确定哪些属于例外情况，可以和其他同事商讨。无论是以上哪种情况，披露求助者相关信息都要求征得本人或机构的同意。

四、多重关系与界限伦理

在心理咨询与治疗过程中，多重关系与界限问题可以说是最普遍、最棘手的伦理问题。不同的咨询师与治疗师往往从各自的治疗取向与治疗理念出发，经常会出现一些不太一致甚至互相矛盾的观点，这就使解决多重关系与界限问题难上加难。要应对多重关系与界限问题所带来的挑战，首先就要明确其内涵。

（一）概念界定

1. 多重关系

多重关系是指在专业的心理咨询与治疗关系之外，还存在其他至少一种与这种专业关系无关的社会关系。这些社会关系可能是师生关系、顾客与商家的经济关系、朋友或恋人之间的亲密关系等。也就是说，当咨询师或治疗师以多个身份、多个角色同时或相继与求助者交往时，多重关系就产生了。我们可以看到，多重关系各种各样，交往的频率、程度和影响也各不相同。需要注意的是，多重关系不仅限于咨询师与治疗师和求助者之间的关系，也包括他们与求助者亲友之间的交往。例如，咨询师与求助者的亲属结婚，或与求助者的朋友约会，都是多重关系的表现。

2. 心理咨询与治疗中的界限

界限是心理咨询与治疗伦理问题中的一个重要概念，它和多重关系联系比较密切。所谓心理咨询与治疗中的界限就是咨访关系的一种框架和安排，规定了咨询师与治疗师和求助者各自的角色与职责。换言之，界限规定了心理咨询的界内和界外，前者是应该做的份内事，后者是不应该做的份外事。Zur（2012）认为，界限的作用在于它把心理咨询与治疗和其他关系区别开来，无论是社交关系、亲属关系、亲密关系还是商业关系，抑或其他关系。心理咨询与治疗中的界限问题主要体现在两个方面：其一，咨询与治疗设置的界限，如时间长短，具体地点、收费、保密原则及其例外；其二，咨访关系的界限，如咨询师的自我表露、咨询师与求助者的身体接触、收受礼物、正常会谈之外的接触、会谈时的穿着与距离等。

心理咨询与治疗中的界限问题还涉及一个重要概念——跨界。Lazarus（2015）对跨界这个概念作了界定。他认为，跨界是指边界的跨越，即在心理咨询与治疗中对传统咨询与治疗取向和风险管理模式的偏离现象。比如，传统的心理咨询都在不受干扰的咨询室内开展，假如有咨询师与求助者边散步边会谈，在户外开展咨询，就是跨界。又如，在传统精神分析取向的心理咨询中，分析师扮演镜子，不应该向求助者呈现任何个人内心的情感和思想，以免干扰他们的投射。假如咨询师在咨询的过程中有自我表露，表达出对求助者发自内心的同情，甚至分享自己过往类似的经历，这也是跨界。

（二）多重关系与跨界的危害

1. 多重关系的危害

在心理咨询与治疗的实践中，多重关系有时会影响咨询师或治疗师的判断，最终会损害求助者的利益。咨询师与求助者的关系从一开始就是不对等的。咨询师具有心理优势，其知道求助者太多的秘密，而咨询师通常擅长保守自己的秘密。于是，在求助者眼中，咨询师就显得权威且强大，这会加剧求助者对咨询师的依赖；同时，这可能会使咨询师变得盲目自大，让其误认为自己有权主宰求助者的生活，从而能够剥削和利用求助者以满足自己的私欲。当咨询师以满足自身私欲为目的时，就会偏离当初加入这一助人行业的初衷，也必然会给求助者带来伤害。例如，一名男咨询师如果同女求助者发生性关系，即使双方是你情我愿的，最终也极有可能给女求助者带来心理创伤。女求助者会觉得自己的信任被辜负，甚至觉得自己被对方操纵，从而更难相信那些专业助人者，也更难从这些专业助人活动中受益。所以，在各个专业机构的伦理规范中，咨询师同求助者发生专业关系以外的多重关系都是不被允许的，要予以规避。这样的规定无疑是合理的，是为了保障求助者或来访者的利益。

2. 几种典型的跨界现象及其危害

在咨询与治疗之外发展社会交往是一种比较常见的跨界现象。咨询师其实也是普通人，人有合群和社会交往的需要，咨询师也不例外。如有求助者邀请咨询师或治疗师参加自己的婚礼，出于人之常情，有的咨询师或治疗师就会答应，这就属于心理咨询与治疗的跨界现象。另一种常见的跨界现象是以物易物和收受礼物。在咨询与治疗的过程中，咨询师与治疗师与求助者之间还可能涉及某些经济往来。当然，如果数额较小，如咨询师或治疗师为求助者买价格为几元的地铁票，或求助者给咨询师或治疗师买一杯咖啡，且只是偶尔为之，就不是问题。但如果双方涉及较大金额的经济往来，如咨询师或治疗师借钱给求助者；或求助者贷款给咨询师或治疗师，双方共同投资某个项目；或咨询师与治疗师购买求助者推荐的基金或股票，类似上述情形都意味着双方建立了咨询与治疗关系之外的商业关系，会严重干扰已有的专业关系。相比以物易物，收受礼物则更为常见。如咨询师或治疗师收受求助者的礼物，这些礼物可能是名烟、名酒、高档茶叶，也可能是一个水杯、一本书、一张消费卡等。这均属于心理咨询与治疗的跨界现象。

上述所列举的心理咨询与治疗过程中的跨界现象都会对专业关系造成干扰，最终损害求助者的权益。在这些情况下，咨询师或治疗师很难保持客观中立，无法把焦点放在求助者身上，从而会影响咨询与治疗工作的正常开展。面对求助者送礼，哪怕是金额较小的礼物，咨询师与治疗师都会觉得不好处理，内心会比较纠结（Srivastava and Grover，2016）。一方面，他们担心拒绝礼物会让求助者不开心，损害彼此之间的关系；另一方面，他们觉得接受礼物会违反专业伦理。在这种焦虑、纠结的持续影响之下，咨询师或治疗师对求助者面临的问题很难进行客观的判断与分析，也很难静下心来从事咨询与治疗的专业工作。

当然，万事万物都是相对的，没有绝对的，我们要辩证地看待多重关系与心理咨询及治疗中的跨界问题。多重关系也不是一无是处，可能有的多重关系会给求助者带来伤害，但不代表所有的多重关系都是这样的。在实际情况下，多重关系虽然无法完全避免，但有些多重关系能增进咨询师与求助者之间的信任。Her-lihy 和 Corey（2015）指出，心理咨询师必须学会管理多重角色与责任，而不是一味地回避它们。所以，多重关系本身也不是完全等同于危险与伤害，也不要"一刀切"式的禁止，要辩证性地对待，因势利导，发挥其积极作用，克服或避免其消极作用。

（三）多重关系与界限的伦理规范

鉴于多重关系非常普遍，处理起来很难，且具有一定的危险性，可能给心理咨询与治疗带来不良影响。于是，很多专业机构都对其作了伦理规范。

中国心理学会临床心理学注册工作委员会标准制定工作组（2018）规定，心理师要清楚了解多重关系（如与寻求专业服务者发展家庭、社交、经济、商业或其他密切的个人关系）对专业判断可能造成的不利影响及损害寻求专业服务者福祉的潜在危险，尽可能避免与后者发生多重关系。《中国心理学会临床与咨询心理学工作伦理守则（第二版）》明确规定，禁止咨询师与治疗师给家人和朋友做咨询与治疗。这主要是考虑到咨询师与治疗师在面对家人和朋友时，很难从客观上保持中立。

2017 年，美国心理学会也对心理咨询与治疗中的多重关系作了规定。内容如下：若合理预期多重关系会损害咨询师与治疗师的客观性、胜任力，以及作为一名心理学者履行职能的有效性，或在专业关系中存在剥削或伤害他人的风险，那么咨询师与治疗师就不应该卷入多重关系中；若合理预期多重关系不会引起损害、风险、剥削、伤害，那么这样的多重关系就并非不道德的。

课后思考题

1. 如何理解心理咨询与心理治疗伦理的含义？
2. 心理咨询与心理治疗的伦理有哪些特点？
3. 在心理咨询与心理治疗过程中需要遵循哪些伦理规范？

推荐阅读

［1］雷秀雅，吴宝沛，杨阳，等．心理咨询与治疗［M］.北京：中国人民大学出版社，2023.

［2］钱铭怡．《中国心理学会临床与咨询心理学工作伦理守则》解读［M］.北京：北京大学出版社，2021.

［3］［美］伊丽莎白·雷诺兹·维尔福．心理咨询与治疗伦理：第三版［M］.侯志瑾，等译．北京：世界图书出版公司，2010.

［4］中国心理学会临床心理学注册工作委员会标准制定工作组．中国心理学会临床与咨询心理学工作伦理守则（第二版）［J］.心理学报，2018，50（11）：1314-1322.

第三章　心理分析的基本理论及其在心理咨询与治疗实践中的运用

第一节　心理分析的基本理论

心理分析又称"精神分析"（Psychoanalysis），是现代心理咨询与治疗的基石，对心理学领域的影响巨大。心理分析理论的创始人是奥地利精神医学家弗洛伊德（Freud），他于 19 世纪末开创了一种特殊的心理治疗方法。该方法以潜意识的理论为基点，通过分析了解求助者潜在意识中的欲望和动机，认识对挫折、冲突或应激的反应方式，体会病理与症状的心理意义，并经咨询师与治疗师的启发，使求助者获得对问题的领悟。经过长期治疗，运用求助者与咨询师或治疗师产生的转移关系，改善求助者的人际关系，调整其心理结构，化解其内心的情感症结，从而促进其人格成熟，提高其适应能力。

在心理分析学说的基本理论中，与心理咨询和心理治疗有关的部分主要包括无意识理论、人格结构说、自我防御机制、性心理发展理论与关于梦的学说等。

一、无意识理论

心理分析学说的一个基本前提是，作为一切意识行为基础的是一种无意识的心理活动。弗洛伊德认为，人的精神生活主要由两个独立的部分组成，即意识和无意识，中间夹着的很小的一部分为前意识。

在弗洛伊德看来，意识（Consciousness）是可以直接感知到的有关的心理部分，它其实是心理极其微小的一部分，是被我们所察觉的一部分。这一部分在弗洛伊德的理论中不是很重要，只是一个人心理活动中有限的外显部分。

无意识（Unconsciousness），在我国很多著作中也翻译为潜意识。无意识这个词有两种含义：一种是指人们不能意识到自己进行一些行为的真正原因和动机；另一种是指人们在清醒的意识下面还进行着潜在的心理活动。后一种含义的无意识，包含了各种为人类社会伦理道德、宗教法律所不能容许的、原始的、动物性的本能冲动以及与各种本能有关的欲望。它也是过去经验的大储存库。这些无法得到满足的情感经验、本能欲望与冲动是被压抑到无意识之中的，但它们并不肯安分守己地待在那里，而是在无意识中积极地活动着，不断寻找出路，追求满足。潜意识就是在意识水平之下的所有心理现象，包括个人无法接受的原始冲动、本能欲望，以及一些无法实现的需要和动机。因此，潜意识又被视为原始愿望和冲动的储存库。这些心理功能在潜意识中，不能被个体觉察，但是它对我们的一切行为都产生了影响。弗洛伊德曾做过这样的比喻，认为心理活动的意识部分好比冰山露在海平面上的小小山尖，而无意识是海平面下那看不见的巨大部分。

弗洛伊德认为，没有任何自由意志的行为，有些行为表面上好像出自我们的意识和自由意志，但实际上都是受潜意识力量的驱使，它们只不过是潜意识过程的外部标志。有意识的心理现象往往是虚假的、表面的和象征的，它们的真面目、真实原因和真正动机隐藏在内心深处的潜意识之中。在意识和潜意识之间是前意识（Preconsciousness）区域，意识和前意识虽有区别，但二者间没有不可逾越的鸿沟，前意识中的内容可以通过回忆进入意识，而当意识中的内容未被注意时，也可以转入前意识。理解这一结构模型是理解弗洛伊德理论的重要起点。

前意识介于意识与无意识之间，其所包含的内容是可召回到意识部分中的，即其中的经验经过回忆是可以记起来的。而其中的观念暂不属于意识，但随时能够变成意识。

二、人格结构说

弗洛伊德认为，人格包括三部分：本我（Id）、自我（Ego）和超我（Superego）。这三个部分共同控制个体的心理与行为。其中，本我是生物成分，自我是心理成分，超我是社会成分。

（一）本我

本我又称伊特、它我、原我。本我是人格中最原始、最模糊和最不易把握的部分，在性质上是潜意识的，在人一生的精神生活中起着重要作用。本我是储存心理能量的地方，混沌弥漫，仿佛是一口本能和欲望沸腾的大锅。这些本能和欲望强烈的冲动，不遵循逻辑、道德和价值观念，一味寻求无条件的、即刻的满足。本我就像是一个被宠坏的孩子，没有任何禁忌。它所具有的特性是无意识的、无理性的，要求无条件地得到满足，其活动只受"快乐原则"的支配。本我是一切本能冲动后面的性冲动力的储存库，它收容了一切被压抑的东西，并保存了遗传下来的种族特性。

弗洛伊德认为，个体出生时只有本我这一个人格结构。从心理内容方面来看，本我由先天的本能、基本欲望组成，只与直接满足个体需求有关。从作用方面来看，弗洛伊德认为促使个性活动的所有能量都来自本我。根据弗洛伊德的看法，本我不能直接同外部世界接触，所以总是在急切地寻找自己的出路，而其唯一的出路是形成自我。自我和超我都是在本我的基础上发展而来的，所以本我是人格结构的最基本部分。

（二）自我

自我是现实化的我，它是在现实环境的反复教训之下，从本我中分化出来的一部分。在儿童与环境的互动过程中，自我逐渐从本我中分化出来，形成有意识的结构部分。从本我中分化出来的这一部分由于现实的陶冶变得渐识时务，不再受快乐原则的支配而盲目地追求满足，而是在现实原则的指导下，力争既避免痛苦又能获得满足。自我既要满足本我的即刻要求，又要按客观要求行事。自我代表的是理性，本我代表的是情欲。本我不能随心所欲地满足愿望，因为现实环境有时不能满足本我的需求。自我在人格结构中代表理性和审慎。它在同外界现实的相互作用中成长，对外感受现实，正确认识现实和适应现实，对内调节本我中本能欲望的宣泄。例如，每当我们饥饿时，不一定总能吃到食物，当吃不到食物时，饥饿的个体就会感到不舒服，有一种挫折感，本我对这种压力的反应称为初级过程。但是，初级过程不能实际地满足欲望，要想得到真正的满足，个体必须与现实世界接触，这种接触就导致人格的第二个重要结构——自我的形成。

由于本我的愿望和冲动一般不被社会所接受，自我便在现实与本我之间起到协调作用，即自我一方面要满足本我的冲动，另一方面要考虑现实情境是否允许。弗洛伊德曾把自我和本我的关系比作骑马的人和他的马之间的关系。它认为马提供了运动的力量，而骑马人具有决定方向和指导马的权力。但有时会出现不合理的情形：骑马的人必须按马所要去的方向来指导马。因此，自我在人格结构中代表理性和审慎，它把本我的冲动控制在无意识中，也就是说，自我可以在意识与无意识之间自由游走。但自我不能完全控制本我的冲动，还需要超我的帮助。现实原则中的"现实"是在超我指导下界定的，也就是说，自我还要接受超我的监督和审查。自我可以说是"同时在侍奉三个严厉的主人"：超我、本我和现实。弗洛伊德还指出，自我企图用外部世界的影响对本我及其趋向施加压力，努力用现实原则代替在本我中自由地占支配地位的快乐原则。所以，自我的特性就是，自我是从本我中分化出来的，一部分是意识的，另一部分是无意识的，而其主要为意识的；它合乎逻辑，受现实原则支配；对本我中的内容有检查权，防止被压抑的内容扰乱意识；它还要在超我的指导下，按外部现实的条件去驾驭本我的要求。

（三）超我

超我也称理想自我、自我典范，它是从自我中分化出来的，是道德化的自我，是人格中最后形成的部分，因而也是最文明的一部分。超我居于人格结构的最高层，其主要作用是按照社会道德标准监督自我的行动。超我是从自我分化出来的，能进行自我批判和道德控制的部分。它反映了幼儿在成长过程中接收的社会道德要求和行为准则。自我分为两种，一种是执行的自我，即自我本身；另一种是监督的自我，即超我。最初，这一角色由双亲扮演。从自我中发展出来的那一部分（超我）正是双亲权威的内部化，执行着早年父母所行使的职权。父母施行惩罚的职权，便成了超我中的"良心"；施行奖励的职权，则成了超我中的"自我理想"。自我理想确定道德行为的准则，良心则负责对违反道德标准的行为进行惩罚。

超我按至善原则活动，其作用是监督自我并限制本我的本能冲动。超我象征理想，是在个体成长过程中，通过道德规范、社会要求的不断内化而形成的。它代表社会的，特别是父母的价值观和标准。具体地说，在儿童与父母的互动过程中，在父母的权威要求下，其不得不接受父母所认可的社会准则，以控制自己的某种冲动，并最终把父母的外在权威内化为自己的内在权威。超我形成以后，它便代替父母的外在监督而对孩子的思想和行为进行内在的自我监督。超我与本我一样是非现实的，其突出特点是始终向上、追求完美，很少满足于低标准；任何与良心和自我理想相背离的经验都不能被超我所容忍。由此看来，超我的特性是从自我中分化而来的，大部分是无意识的。

根据心理分析的观点，人格这三种结构相互联系、相互作用，以动态的形式相互结合。超我监督着自我，根据现实的原则，有条件地满足本我冲动。如果人格的这三种结构保持平衡，人格就能得到正常发展；如果这三种结构不能保持动态平衡，则将导致心理失常的产生。

三、自我防御机制

由于本我和超我之间的矛盾和冲突，个体不断地体验着各种焦虑。弗洛伊德认为，焦虑是相当痛苦的情绪体验，为了防止和降低焦虑，自我发展出一套防卫机制，它可以采取欺瞒超我或歪曲现实等方式使本我得到最大限度的满足，以保持心理平衡，这套防卫机制就是"自我防御机制"（Ego Defense Mechanism）。自我防御机制的目的是帮助个体保持一种心理的平衡，实际生活中有多种方法，具体使用哪种方法，一般依据个体的心理症状和焦虑程度（许艳，2007）。常见的自我防御机制主要有以下几种。

（一）压抑

压抑（Repression）是自我防御的核心和基础，它是一种最基本的心理防御机制。所谓压抑就是把一些为社会伦理道德所不容的冲动、欲望在不知不觉中抑制到无意识之中，或把不能接受或痛苦的思想和情感从意识领域中排除，使个体不能意识到其存在。压抑不只是选择性地遗忘不愉快的经历，也可以阻止潜意识的内容进入意识。被压抑下去的冲动与欲望是意识所不能接受的、超我所不允许的，但其并未消失，仍在无意识中积极活动，寻求满足。如有的个体在儿童阶段曾经有痛苦的、不愉快的经历，但他不愿意去面对和回忆，于是他便将这些痛苦的回忆压抑下来，但这些事情依然会影响他今后的行为与态度，只不过他自己意识不到这一点。

（二）投射

投射（Projection）是指个体为了降低自己的焦虑，把一些超我所不容、无法接受的欲望、愿望、动机或冲动都归于他人，断言他人有此类似的欲望、愿望、动机或冲动；或把自己的不良品质和行为看成他人的，甚至借此来责难他人，而这实际上是他自己的想法或者过错。投射在实际生活中是一种比较常见的自我防御机制。例如，一位同学实际上不太喜欢某同学，但他却认为，那位同学也不喜欢自己，甚至恨自己；一位学生考试作弊，内心有一些难为情或羞耻感，于是他就认定别人跟自己一样，也有作弊行为，这样他就会感到心安理得；一个吝啬、小气的人总是抱怨周围的人跟自己一样，都是小气鬼；一位丈夫实际上在无意识中早已不爱他的妻子，只是他不愿意承认，于是他认为妻子也已经不爱他了。

（三）否认

否认（Denial）是指个体为了减轻自己的痛苦与焦虑，有意识或无意识地拒绝承认那些使人感到焦虑痛苦的事件，好像这些事件从未发生过一样。否认与压抑有相似之处，即两者都不承认客观现实，扭曲个体对现实的认知。但与压抑不同的是，否认并不是在无意识层面进行的，而是在前意识和意识层面进行的。如有的个体身患绝症或遭遇亲人亡故，个体会感到非常痛苦与伤心，为了减轻痛苦，个体会拒绝承认这些事情，坚称自己没病，是医院检查出错；或固执地认为自己的亲人还没有死亡，只是出了一趟远门。

（四）退缩

退缩（Regression）是当个体遇到挫折、应激或某个重大问题不能解决而感到焦虑时，心理活动会退回到早期年龄阶段的水平，以原始、幼稚的方法应对当前的情景。因为退缩到早期年龄阶段，个体会感到相对的熟悉和安全。当然，这种退缩作用只是暂时的、相对的，也并非其所有行为都会回到以前那个发展阶段，只是部分行为退回而已。例如，有的个体当自己的重大意愿或要求不能得到满足时，就会以幼稚的方式提出各种不适当的要求；还有的个体在遭受事业上的严重打击之后，如果他在儿童时期曾有过度依赖的行为特征，此时他很可能再度出现像小时候那样的依赖模样。这些都是自我防御机制中退缩的表现。

（五）反向形式

反向形式（Reaction Formation）是指个体将无意识之中自己不能被接受的欲望和冲动转化为意识之中的相反行为，以此缓解个体的焦虑与难堪。作为一种自我防御机制，个体往往努力表现出与自己真实情感或愿望相对立的行为。例如，刚进入青春期的少男少女为了缓解无意识中对异性的好感和倾慕，常表现出一种对异性的对抗与敌意。另外，日常生活中的笑里藏刀与恨铁不成钢就是两种反向形成的自我防御机制。笑里藏刀就是用亲近行为来掩饰憎恨，恨铁不成钢就是用冷酷的面具来掩饰爱意。

（六）升华

升华（Sublimation）是指个体把为社会、超我所不能接受、不能容许的冲动的能量转化为建设性的活动能量，即把具有威胁性的潜意识冲动转化成可被接受的社会性行为的过程。升华是所有自我防御机制中唯一正向积极的方式。如个体将攻击性的欲望转化为竞技场上的拼搏，参与某些具有攻击性的运动，如拳击、橄榄球等。通过体育运动，个体就可以将潜在的攻击冲动以社会可以接受甚至鼓励的方式宣泄出来。人们越经常使用升华，就越有创造力。因为这些行为是会受到赞赏的，而且需要具有创造力。如德国大文豪歌德年轻时在失恋之后，把失恋的情绪能量转化到文学写作中，写出了世界名著《少年维特之烦恼》，这就是一种升华的自我防御机制。

（七）合理化

合理化（Rationalization）也称文饰作用，是人们在面对挫折和焦虑时启动的一种自我保护机制，它主要通过对现实的歪曲来维持心理平衡，即个体无意识地用似乎合理的解释来为难以接受的情感、行为、动机进行辩护，以达到个体可以接受的水平，从而求得心理平衡。在日常生活中，失败或者缺少能力往往会给人带来较大的冲击与强烈的威胁。在这种情况下，个体往往不愿意直接承认自己在某方面的失败，而会找寻看似有道理的解释。这样的自我防御机制被称作合理化。合理化并不完全是虚无缥缈的，是那些有部分真实的影子但又不完全正确的解释，它能使人的心理重新获得平衡或保全自尊。合理化的表现形式有两种：一种是甜柠檬机制，即当个体实现较低目标时，便苟且偷安，并且个体会抬高较低目标的价值。如有人吃不着葡萄，只能吃柠檬，便认为柠檬是甜的。另一种是酸葡萄机制，即当个体希望达到某种目的却没有达到时，便会否认该目的的价值和意义，这种"吃不到葡萄就说葡萄酸"就属于典型的合理化自我防御机制。

（八）转移

转移（Displacement/Substitution）又称代替或置换，是指将危险的情感或行动转移到一个比较安全的情境下释放出来，通常是把对强者的情绪、欲望转移到弱者身上。这也是一种处理焦虑的方式。在日常生活中，我们经常看到，有人因某事物而起的强烈情绪和冲动不能直接发泄到目标对象上时，就会转移至另一个对象，或将得不到目标物时的冲动宣泄到别的人或事情上。如踢猫效应。另外，这种负能量的转移不仅可以指向某人或某物，有时也可以指向自己，这时就会出现抑郁或自我轻视的思想和行为。如有的人受到上级责备后，就会觉得自己不中用等。以上这种找"替罪羊"（包括他人与自己）发泄的行为就是转移式心理防御机制最为常见的表现。

四、性心理发展理论

弗洛伊德的人格发展理论是建立在其性心理发展理论的基础之上的，因此人格发展理论也称为心理性欲发展理论，具体包括性本能论与性心理发展阶段论。

（一）性本能论

弗洛伊德在早年认为人有两种本能，即自我本能与性本能。自我本能是指以食欲为基础的自我保存本能；性本能主要是指以性欲为基础的种族保存本能，是与性欲和种族繁衍相关的一类本能，其作用是保存种族、繁衍后代。在晚年，他认为人类还有一种本能，即死的本能。后来，他又把早期发现的两种本能合二为一，称为生的本能。生的本能要使生命得以延续和不断发展，而死的本能要使生命恢复到无机状态。这两种本能有机地结合在一起，生命就在它们的冲突和相互作用中表现出来。有意思的是，弗洛伊德关于性本能观点的影响远超这两种本能的影响。他认为，性本能是人的一切心理与行为的根本动力，性生活的压抑或畸形是心理失常的重要原因。在弗洛伊德看来，性本能是一种原欲、一种力量，称为力比多（Libido）或性力，表现为性的冲动，力比多驱使人寻求快感的满足，为人的行为提供动力。

性生活只是力比多的一种机能，而力比多的机能发展经过了一系列的变化过程，其范围逐渐被扩大化，它不再单指人们一般概念上的性或性生活，它还包括与生命得以延续和发展有关的广泛内容。所以，弗洛伊德讲述的性并不仅与狭义的性行为有直接关联，还包括许多追求快乐的行为和情感活动。例如，父母子女之爱、兄弟姐妹之爱、朋友的情谊都来源于性本能，而且婴儿期强有力的欲望如吸吮、排便等也与性本能有关。一个吃饱的婴儿愉快地吸吮着自己的拇指和橡胶奶嘴，并不是由饥饿所激发的，而是由某种追求快乐的动机，即基本性动机驱使的。可见，个体在生存与发展过程中，其性生活不仅趋向于身体快感的满足，而且在力比多的推动下，个体趋向于从事有利于其生存的各种活动。

（二）性心理发展阶段论

关于婴幼儿期性驱力发展的认识对理解弗洛伊德的精神分析理论是极为重要的。为了对来访者的心理问题做彻底的解释并得到完美的治疗效果，就不能仅停留在致病当时的经历，而必须追溯到来访者婴儿时期所经历的性动机的挫折情境。弗洛伊德认为儿童出生到成年要经历几个先后有序的发展阶段，每个阶段都有一个特殊的区域成为力比多兴奋和满足的中心，此区域称为性感区。据此，弗洛伊德把性心理发展划分为以下五个阶段，这五个阶段分别以五种不同的形式满足。

1. 口腔欲阶段

口腔欲阶段（Oral Eroticstage）是性心理发展的第一个阶段，处于 0～1 岁的婴儿时期。该阶段的婴儿活动大部分以口唇为主，口唇区域成为快感的中心，其快乐来源为吸吮、咬、吞咽等。当口欲期的需求得到基本满足时，人格发育通常会比较健全。在这种情况下，个体可能表现出积极的人格特征，如性格乐观、慷慨、开放和活跃，对自己的能力有信心，并且对他人抱有信任感等。相反，如果口欲期没有得到很好的满足，则个体成年后在行为上会喜欢做各种与嘴有关的动作，如吸吮拇指、咬指甲、贪食、吸烟、嚼口香糖、多嘴多舌等。更为重要的是，还可能导致人格发育缺陷，表现出一些消极的人格特征，如性格悲观、缺乏信心、对他人不信任、容易嫉妒他人、退缩、过度依赖他人、不现实而陷于幻想等。

2. 肛门欲阶段

肛门欲阶段（Anal Stage）是性心理发展的第二个阶段，处于 1～3 岁的幼儿时期。在这一阶段，幼儿由于排泄粪便解除内急压力时所得到的快感，从而对肛门的活动特别感兴趣，并由此获得满足。因此，肛门一带成为快感中心，其快乐来源于对肛门和尿道括约肌的收缩和放松。在这段时间里，父母为了养成子女良好的卫生习惯，多对幼儿的便溺行为订立规矩，如在厕所中进行大小便的训练，不能随意排泄。如果父母的要求能配合幼儿自己控制的能力，那么良好的习惯得以建立，从而使幼儿长大后具有创造性与高效率性。相反，如果父母训练过严，与儿童发生冲突，则会导致所谓的肛门性格，成年后容易形成清洁、忍耐、吝啬和强迫性等人格特征。

3. 前生殖器欲阶段

前生殖器欲阶段（Phallic Stage）是性心理发展的第三个阶段，处于 3～6 岁的儿童时期。该阶段儿童的兴趣在于生殖器，力比多兴奋和满足的中心都在生殖器上，儿童喜欢抚摸或显露生殖器并有性欲幻想。这一时期的儿童常以异性父母为"性恋"的对象，包括恋母期和恋父期，其快乐来源为生殖器部位的刺激和幻想，以及对异性父母的爱恋。所谓的俄狄浦斯情结（Oedipus Complex）即男童恋母妒父、女童恋父妒母，就是在这一阶段形成的。这个时期对人格的健康发展极为重要。如果能顺利地解决这一时期的矛盾冲突，儿童认同父母的价值观念，使超我顺利形成与发展，就会形成与年龄、性别相适应的许多人格特征。如果这时期的矛盾不能解决，儿童以后就会产生许多行为问题，形成不良的人格特征，包括攻击行为和各种性变态，如窥阴癖、露阴癖等。

4. 潜伏期阶段

潜伏期阶段（Latent Period）是性心理发展的第四个阶段，处于 6～12 岁的儿童时期。这个阶段儿童的力比多处于休眠状态，即受到了压抑；儿童的兴趣不是父母，对性缺乏兴趣；男女之间的界限十分清楚，几乎不相往来。同时，儿童中止对异性的兴趣，倾向和同性者来往；在游戏中，儿童也总是以同性者为伴，直到青春期才有所改变。这是由于儿童道德感、美感、羞耻心和害怕被他人厌恶等心理力量在逐渐发展，且这与上一阶段毫无掩饰的性冲动是对立的。这种心理力量的发展主要受家庭教养、学校教育与社会要求所驱动。儿童的性欲倾向虽然受到压抑，暂时停止活动，但性冲动并未消失。于是，儿童会把性冲动转向外部世界，从事今后社会生活所必需的一些活动，如学习、体育、歌舞、艺术、游戏等，即通过丰富多彩的活动来宣泄、升华性能量，这也是性本能在发展过程中的一种更有目的的作用。值得注意的是，儿童在这个阶段如果遇到不良的引诱，就会产生各种性偏离，甚至形成性心理障碍。

5. 两性期阶段

两性期阶段（Genital Stage）是性心理发展的最后阶段，处于 12～20 岁的青春期到成年期。这个阶段也是性成熟期，个体的性对象逐渐转向异性，异性恋的行为较为明显，异性恋的倾向占优势。个体在该阶段会发生两种基本转化：其一，生殖区的主导作用超过了其他性感区的作用；其二，性快感出现了一种新的位相即最终快感（End Pleasure）。最终快感与前些阶段出现的先前快感（Previous Pleasure）不同。先前快感只能引起紧张，它只是婴幼儿的性欲，在青春期及以后的成人生活中只起到辅助作用。而最终快感是个体最主要的性目的。该阶段个体最重要的任务就是学会独立，开始建立自己的生活。个体已从一个自我的、追求快乐的孩子变成了现实的和社会化的人，具有追求异性爱情的权利。

对于个体而言，未来心理健康的充分必要条件是合理度过性心理发展的每个阶段（中国就业培训技术指导中心、中国心理卫生协会，2015）。性心理发展过程中如果在某一阶段发生停滞或倒退，则可能导致心理异常。在每个发展阶段，接受的刺激过多或过少，都会使性心理发展受挫，进而造成性心理退化或性心理发展的固着。这种退化或固着，就可能造成未来人格的变态与异常。

五、关于梦的学说

梦的学说在心理分析理论中具有较为特殊的地位。1900 年，弗洛伊德出版了《梦的解析》，在该书中，他详细讨论了有关梦的解释、作用、形成过程等内容。所以，《梦的解析》这本书可以说是弗洛伊德梦的理论的代表作。弗洛伊德认为，梦与无意识之间有密切的关系，梦是潜意识的产物，是对个人欲望、冲突和不满的表达；梦是一种被压抑的欲望的象征性满足，梦境是性本能挣脱意识禁锢后的变相宣泄。因此，通过对梦的分析，能够打开一条通向潜意识的道路。在《梦的解析》中，弗洛伊德全面阐述了他关于梦的理论观点（许艳，2007）。因此，研究梦和梦的内容，能为我们了解无意识打开一扇重要的窗户。

（一）梦的两个层次

弗洛伊德提出，梦有两个层次，即显意识层和潜意识层。显意识层是人们醒着时的思维和意识活动，而潜意识层包含了人们不容易察觉和接收的信息及欲望。梦的内容可以区分为显性内容（Manifest Content）和隐性内容（Latent Content）。显性内容又称显梦，是指说出来的未经分析的梦；隐性内容又称隐梦，是指其背后隐含的意义，这需要通过分析或自由联想得到①。显梦和隐梦之间的关系就好像猜谜语一样，谜面是显梦，谜底是隐梦。所谓的释梦就是通过谜面猜破谜底，谜面具有提供线索的作用。

显梦一般具有三种来源。首先，本我的冲动。可以说，在显梦所有的来源

---

① ［奥］西格蒙德·弗洛伊德. 梦的解析［M］. 奕珊，译. 北京：中国华侨出版社，2018.

中，本我的冲动是最为重要的一个来源。本我的冲动包含着个体原始的欲望与本能，是非理性的，在白天这些冲动会受到自我的约束、控制和压抑。但个体在夜晚睡眠时自我的监控能力会降低，这些压抑便出现在意识中。鉴于自我和超我的阻碍，这些压抑往往以伪装的形式或戴着面具出现在梦境中。所以，这些梦境往往不符合逻辑，甚至时空转换，乱七八糟。其次，来自个体白天的一些思考。常言道："日有所思，夜有所梦。"这有一定的科学道理。也就是说，人们白天关心或思考的问题是有可能在梦境中继续体现的。如有人白天在某种情境下突然想起了已经逝去的亲人，特别思念，并感到极度的伤心与难过。于是，其晚上便会梦见这位亲人。最后，来自个体睡眠时受到的外界刺激。如较为刺耳的声音，较高或较低的温度等。如有人说他梦到了一场大水，可能是因其腿部未盖到被子而受凉导致的。

（二）关于梦境

国内老一辈心理学家也曾关注过梦。潘菽教授认为，梦是特殊意识状态下的思维和情感活动。这里的"特殊意识状态"是指睡眠状态。人们的正常意识活动主要包括觉醒和睡眠两种状态，觉醒被称为一般意识状态，睡眠被称为特殊意识状态。弗洛伊德认为，梦境都具有象征意义，越离奇的梦对分析患者越有帮助。郭念锋认为，梦境的结构是非理性思维活动的结果，是不现实的和无效的，并不具备任何现实意义。因而，梦境本身不具备任何临床诊断价值（郭念锋，1995）。同时他认为，梦中的情绪体验则有所不同。在梦中，自己不愿流露或自己不太了解的负向情绪，可能仍然影响人的心理活动；在现实生活中，面对不同内容的生活事件有时可以体验到同一类情绪。所以，梦中的情绪体验经常具有临床诊断价值。

（三）关于梦的解释

弗洛伊德认为，梦的内容是由潜意识中的冲突与欲望和现实的禁忌与阻力之间的斗争而产生的。由此，他提出了两个重要的概念来解释这种斗争，即欲望满足原则与现实原则。欲望满足原则是指个体追求满足欲望和寻求快乐的趋势，而现实原则是指个体受到社会和现实环境的限制和阻力。个体内部的冲突和欲望的满足受到欲望满足原则和现实原则之间的相互作用的影响。个体需要在满足实现内在欲望的同时，考虑到现实的限制和社会的规范，以维持个体与外界的平衡。这种冲突和调节的过程在个体的梦境中会得到体现，梦境被看作潜意识冲突的表达和解决场所。

　　虽然弗洛伊德关于梦的学说并不能全面且科学地解释梦的现象，但他对梦的本质的研究为我们提供了一种对无意识进行探寻的方法与思路。所以，即使到现在，还有一些心理咨询师与治疗师在实践中把注意力转向求助者的梦，试图通过释梦找到造成求助者心理与精神症状的根源，以便有针对性地采取咨询与治疗方法。

第二节　基于心理分析基本理论的心理咨询与治疗方法

　　心理分析基本理论对心理咨询与治疗的启示在于，通过挖掘来访者潜意识中的心理矛盾和冲突，找到致病的症结，并把它们带到意识领域，使来访者对此有所领悟，在现实原则的指导下得以纠正和消除症结，从而建立良好、健康的心理结构，达到心理健康。也就是说，通过心理咨询与治疗，我们可以挖掘来访者压抑在潜意识中的童年创伤和痛苦体验，把来访者所不知晓的产生症状的真正原因，召回意识范围内，使来访者洞悉、领悟问题根源，进而理智地对待它们，从而使症状消失。基于心理分析理论，目前有代表性的心理咨询与治疗方法主要有催眠治疗法、自由联想法、梦的分析、沙盘游戏治疗、绘画治疗等。

一、催眠治疗法的操作与运用

　　有意识使用催眠现象的鼻祖是 18 世纪奥地利精神科医生麦斯默（Mesmer），他提出的"动物磁性理论"实际上就是催眠，用于治疗各种身心疾病。但是"催眠"一词由 19 世纪一位名为布雷德（Braid）的英国外科大夫提出。他认为，催眠是一种心理现象，并创造了"神经催眠"这个术语。这位英国医生经过不断探究，对催眠现象由怀疑到相信，并把所有奇异的催眠现象看成一种人为的睡眠状态。而真正在心理学领域使催眠术声名大振的是弗洛伊德。他师从法国著名催眠学家沙可（Charcot），学成后回到维也纳开设精神病诊所，用催眠术治疗过许多疑难杂症。进入 20 世纪后，许多专业人士对催眠术领域作出了卓越的贡献，其中影响最大的莫过于美国心理学家埃里克森（Erickson），他把催眠术带入了一个新的阶段。他提出了因势利导的催眠原则，强调来访者的经历比催眠治疗师的技巧更加重要。

（一）催眠的内涵与治疗原理

催眠对应的英文单词为"Hypnotism"，其词根来自希腊语单词"Hypnos"（睡眠），本义就是以人为的方法使人进入睡眠状态。如今，学者一般认为，催眠既是一种生理上的放松状态，也是一种高度受暗示的状态，在此状态下我们把意念导入体内，或者把注意力放在主观感受上，与自己的潜意识接触。与我们以往的理解不同的是，催眠是一种独特的清醒状态、一种放松状态、一种想象力活跃的状态，它可以锻炼我们的心智，让我们与潜意识和谐相处。

值得注意的是，催眠不是睡觉，不是无意识状态，不是盲从状态，不是心智低下状态，不是受人控制状态，也不是自我失控状态。从外表上看，处于催眠状态的人，好像在睡觉，特别是闭着眼睛躺着的时候更像。以这样的外观判断，有人把催眠解释为一种人为睡眠。其实不然，无论是在心理方面还是在生理方面，催眠与睡眠都是截然不同的两种状态。首先，从心理方面来看，处于睡眠状态的人，其大脑神经活动处于抑制状态，这种抑制的作用在于使大脑皮质细胞不再接受刺激，从而防止皮质细胞的破坏，因此，睡眠中的人基本上不存在意识活动。至于睡眠时产生的梦境，只不过是在睡眠状态下所产生的一种无意识想象活动。处于催眠状态的人则不然，其意识并未消失。从外表上看他似乎已经睡着，但其意识并未失去，当事者并不觉得自己睡着了。通常，被催眠过的人在清醒后都是这样谈论自己在催眠中的体验：感到自己独处于一个阴暗而幽静的地方，头脑中一片空白，任何思想都没有，也听不到四周其他的声音，只能听见催眠师的声音，对自己的存在非常清楚。这就表明其意识并未消失，显然催眠状态与睡眠状态存在很大差异。其次，从生理方面来看，催眠与睡眠也有明显的区别。如在睡眠状态中的人，其膝盖的反射会显著减少，甚至消失；而在催眠状态中的人与清醒时没有什么不同，仍保持明显的腱反射机制。美国的催眠学家亨利与布雷曼发现人在催眠状态下的脑电图为 α 波型，这与人在清醒状态下的脑电波型相似，与睡眠时的脑电图迥然不同。

由此看来，催眠状态很可能是介于清醒状态与睡眠状态之间的一种特殊的意识状态。这种状态可由人为的方式导入，在这种状态下，人的意识范围变得很窄小，而注意力高度集中，只对催眠师的暗示发生反应，对周围的其他刺激毫无感受。在催眠师的各种暗示下，被催眠者可能出现各种不同的现象，如感觉缺失、错觉、幻觉、神经功能紊乱；还可能发生年龄退行行为，即行为退行到年幼时的表现，以及其他某些特异行为。催眠师正是充分利用催眠状态所特有的功能，使催眠成为发掘人体潜在能力、提高学习效果及其治疗身心疾病的有效手段。

（二）催眠治疗的具体操作

一般来说，催眠治疗包括以下五个步骤。

第一步，面谈。当确定要给来访者做催眠治疗时，催眠师需要做的第一件事就是面谈，即与来访者及其亲友进行面对面谈话，以了解当事人所面临的问题。通过谈话以及稍后对谈话内容的分析，可以得知部分当事人问题的症结所在。当然，大部分有心理问题的当事人的叙述往往是有偏颇的，但即使是"偏颇"本身也颇具价值，很可能就是深层问题的线索。催眠师在施术前如果不对这些情况进行大致的了解，在进行治疗时可能带有一定的盲目性。另外，催眠术并非包治百病的灵丹妙药，它可以治愈一部分疾病，但不是所有的疾病。所以，催眠师需要通过谈话了解来访者所面临的问题是否可以运用催眠治疗予以解决。以下症状不适宜使用催眠治疗，否则可能适得其反：①有精神分裂症和其他类型精神病的患者。因为这些患者在催眠的作用下容易发生催眠性幻觉、妄想，从而诱发疾病或加重病情。②脑器质性损伤并伴有意识障碍的人，若使用催眠术，可能使其症状加剧。③对催眠术有严重恐惧心理，经解释仍不能接受催眠治疗的人。对于这些不适宜做催眠治疗的来访者，催眠师要向他们说清楚理由，劝告和说服他们用其他方法进行治疗。

第二步，受暗示性测试。催眠治疗成功的一大前提是来访者具有受暗示性。但是，正如地球上找不到完全相同的两片树叶一样，人与人之间的受暗示性也存在较大的个体差异。所以，催眠师在给来访者正式催眠之前，要对来访者进行受暗示性测试，以便了解来访者的受暗示性程度。在此基础上，催眠师才能采取更加有针对性的催眠方式与方法。常用的受暗示性方法主要包括：①钟摆测验。主要是让来访者的眼睛感受钟摆的运动方向。不能感受到钟摆运动的来访者，受暗示性就较差；能明显感受到钟摆运动的来访者，受暗示性较高；能不太明显感受到钟摆运动的来访者，受暗示性一般。②前倾、后倒测验。催眠师告诉来访者尽管放心地向前倒或往后倒的动作，不要怕跌倒，因为催眠师会扶住他。如果来访者毫无顾忌地往前倾或向后倒，则其为高度受暗示性者；如果来访者慢慢地往前倾或向后倒，则其为中度受暗示性者；如果来访者不敢向前倾或后倒，或者在前倾、后倒前首先移动脚步，则其为低度受暗示性者。③卡特尔 16PF 人格测验。即采用"卡特尔十六人格因素量表"作为测试来访者受暗示性程度的手段。一般来说，凡是乐群性、兴奋性、敏感性得分高者，都是受暗示性较高的人，较容易把他们导入催眠状态；而怀疑性、紧张性得分高者，是受暗示性较低的人，较难将他们导入催眠状态。④认知风格测试。场依存型的来访者往往受暗示性较强，场独立型的来访者往往受暗示性程度低。需要说明的是，在心理咨询与治疗的实践中，并不是每个来访者均要进行一系列的受暗示性测试，催眠师根据来访者的具体情况以及自身的偏好及其熟练程度选用一种或两种方法即可，只要达到了解来访者受暗示性程度的目的即可。

第三步，导入。在受暗示性测试结束之后，催眠师接下来所要做的工作就是导入，即把来访者从正常的清醒状态导入催眠状态。导入阶段可以说是催眠治疗最重要的一个步骤。如果来访者不能被导入催眠状态，那么一切都将无从说起。以下我们简要介绍几种常用的方法。①躯体放松法。催眠师让来访者仰卧在床上，以最为舒适的姿势静静地躺着，将手表、皮带、领带等物品摘下。静躺几分钟后，催眠师开始下达放松指令。建议按以下部位依次放松：头顶→眼睛→脸部→脖颈→双肩→双上臂→双前臂→双手→背部→胸部→躯干→后腰→臀部→大腿→膝部→小腿→脚踝→双足。当然，如果来访者愿意，也可以倒过来，从脚开始，两种方式均可。当来访者进入放松状态时，则可迅速导入催眠状态。②观念运动法。催眠师通过暗示使来访者产生观念运动，并将其导入催眠状态。一般有钟摆运动与扬手法两种形式。钟摆运动主要通过钟摆暗示使来访者产生观念运动以进入催眠状态。扬手法就是首先让来访者两肩自然放松，以自我感觉舒适为宜；然后让来访者两眼凝视自己右手手指；最后在催眠师的一系列暗示下，逐渐进入催眠状态。③言语催眠法。该方法无须借助任何道具，也无须来访者做任何动作，只通过催眠师卓有成效的语言暗示，逐步将来访者导入催眠状态。在采用言语催眠法时，应注意催眠师的语音语调既要平和温馨，又要果断坚决；既要充满情感，又要沉着镇定。同时，催眠师还要密切观察来访者的反应，判断已进入何种程度的催眠状态，以便根据其结果发出相应的暗示语言。④凝视催眠法。让来访者坐在椅子上，做几次深呼吸，最好是腹式呼吸，以便使心情稳定下来；然后，全神贯注、集中精力凝视着会发光的或能反射光的物体如手电筒等，同时催眠师予以暗示与诱导，使其进入催眠状态。该方法对客观条件的要求并不高。关于催眠导入的方法有很多，我们无法一一列举，希望以上方法能起到抛砖引玉的作用。在心理咨询与治疗的实践中，催眠师也可以根据来访者的症状及其催眠的程度灵活加以综合运用。

第四步，恢复清醒状态。当催眠师完成了一次催眠活动后，接下来必须做的重要工作就是将来访者由催眠状态恢复到清醒状态。无论来访者到达何种程度的催眠状态，甚至看上去几乎没有进入催眠状态，恢复清醒状态这一步骤都是必不可少的，这一点至关重要。在这一步骤中，需要注意以下一些问题。首先，在使来访者恢复到清醒状态之前，必须将所有的在施术过程中下达的暗示解除。其次，在来访者清醒以后，有些人可能会有轻微的头痛、恶心的感觉，甚至极少数人还会有一些抑郁等不良反应。一般来说，这些感觉很快就会消失。如一段时间后仍不能消失，催眠师可再度将其导入催眠状态，对上述症状予以解除。最后，在来访者清醒以后，催眠师与来访者的谈话应以积极暗示为主，避免消极暗示。也就是说，要暗示来访者各方面感觉都很好，不会有什么不适的情况。即使有，也会很快消失。有的催眠师因自信心不强，反复询问来访者："你真的醒了吗？头痛吗？"这种带有高度消极暗示性质的发问，可能会诱发来访者的种种不安和恐惧心理。

第五步，解释与指导。当全部的催眠治疗工作结束以后，催眠师应对来访者作若干必要的解释和指导。解释和指导的内容包括：①告诉来访者有关进展情况。如果是比较严重的心理疾病，还需说明这不是一两次催眠治疗就能解决的，需要一个疗程才能彻底解决，以免来访者产生急躁情绪。②告诉来访者在日常生活中，应当做什么、避免什么、注意什么。③特别重要的是，要竭力排除来访者对催眠师的依赖、感恩态度，尤其是排除移情倾向，只和来访者建立正常的人际关系。

（三）催眠治疗的个案与分析

案主：小彭，男，21岁，某大学三年级学生。最近，小彭突然发现自己头皮上有一块圆形的部分开始无缘无故地脱发，内心比较焦虑、紧张，甚至导致失眠的现象。于是，他来到了大学生心理健康中心求助。心理健康中心的老师建议他利用催眠疗法。小彭听说过催眠，但不是十分了解，对催眠疗法的作用将信将疑，不过在心理健康中心老师的劝说下，还是接受了催眠疗法。在治疗了一段时间后，尚未见效，小彭便放弃了催眠治疗，改去某家大医院就医。医院给他施以注射肾上腺皮质激素的治疗。连续注射了一个月以后，他的脱发现象便完全停止。这时，他心里很高兴，认为自己的病症已经治好，于是停止了治疗。然而，在他停止注射激素后不久，头顶上脱发的现象又重新出现了，而且脱发比以前更为严重。这次不仅是他的头发脱落得更厉害了，连眉毛也快掉光了。面对这种情况，小彭十分着急。他辗转了好几家大医院诊治，结果均未见好转。无奈之下，他只好再回到大学生心理健康中心，继续接受催眠治疗。

心理健康中心的催眠师对小彭进行了反复的催眠指导，结果终于从小彭早期的回忆中找到了症结所在。原来小彭从小生活在一个问题家庭中，双亲的问题导致他在小时候受到一定的心灵创伤。这个创伤一直伴随着他，影响着他的生活，使他总是处于某种焦虑不安的状态。催眠师发现这个原因之后，便先利用催眠消除这个心理障碍，然后给予他一些积极有益的暗示。经过近半年的治疗后，小彭完全康复，并且不再出现反复的症状。由此可见，凡由心理因素造成的疾病，无论这些心理因素是当前的心理挫折，还是早期的心理压抑，均适合用催眠疗法诊治，而且效果显著。

二、自由联想法的操作与运用

（一）自由联想法的内涵

自由联想法（Free Association）的基本要求是，让来访者很舒适地躺着或坐好，把出现在脑海中的感觉或想法不加审查地如实陈述出来，不论它们是如何微不足道、荒诞不经甚至违背道义等（钱铭怡，2016）。弗洛伊德认为，浮现在脑海中的任何想法或事物都不是无缘无故的，而是有一定因果关系的，有其动力学意义。因此，通过自由联想，咨询师与治疗师可以从中找到来访者无意识中的矛盾与冲突，把它们带到意识中，使来访者有所领悟，重新建立现实中的健康心理。在使用自由联想法时，咨询师与治疗师要以来访者为主，鼓励他们把自己想到的一切都说出来，让他们尽量把想法无障碍地表达出来。在这一过程中，咨询师与治疗师不要随意打断来访者的谈话，保证为来访者保守秘密，必要时，可以进行适当引导。自由联想法常常引发来访者对过去一些经历的回忆，而咨询师与治疗师可以通过联想的顺序来理解来访者是怎样把各个事件联系起来的，从而对来访者所陈述的材料加以分析和解释，直到从中找出来访者无意识之中的矛盾与冲突，即病的起因。

（二）自由联想法的具体操作

自由联想法的具体操作方法就是让来访者舒服地坐在椅子上，或以一种放松的姿势躺在沙发上，让来访者的头脑处于自由状态，并将头脑中出现的想法、愿望、躯体的感觉和想象都讲出来。咨询师与治疗师要采用非常被动的态度，并且要从来访者视线中消失，最好是坐在来访者身后，从而最大限度地减少现实环境对来访者的影响，促使他们集中注意力感受内部刺激。这样，那些反映无意识冲动和冲突的思想意象，就会以更为直接的方式浮现出来。咨询师与治疗师对来访者叙述的材料，要无选择地予以仔细倾听，并感受其语言背后所隐含的无意识衍生物。咨询师与治疗师应鼓励来访者说出自己的每种想法和感受，而不管这些想法、感受是多么痛苦、愚蠢、琐碎、无逻辑或不切题。在治疗进行时，多数来访者偶尔会背离这项原则，咨询师与治疗师应在合适的时候解释这些阻抗。

自由联想法常常引发来访者对过去经历的回忆，有时是释放被压抑的情感。然而，这种释放本身是不重要的。在自由联想的过程中，咨询师与治疗师的任务是识别无意识中被压抑的内容，通过联想的顺序来理解来访者是怎样把各个事件联系起来的。联想中的中断和阻碍是指向焦虑事件的线索。咨询师与治疗师向来访者解释材料，应引导他们发展出对潜在动力学的洞察力。当咨询师与治疗师倾听来访者的自由联想时，他们除了听到表面内容，还应思考深层次含义。比如，日常生活中的口误可被认为是表达出的情感同时伴随另一种冲突的情感，来访者没有谈论的领域和他们谈论的领域一样重要。

以下是自由联想法操作过程中指导来访者练习的要点，可以供咨询师与治疗师参考（刘春雷等，2011）："第一，现在，请将注意力集中在你目前遇到的问题上，仔细想想。有时，这还有助于将你的问题具体化——思考该问题时，有何所见所闻，尤其是所获？进行该练习时，尽可能使你置身于"此时此刻"。第二，对于该问题，你产生了何种情绪？现在，将注意力集中到你的情绪上，找出相应躯体感觉的准确部位，然后再将注意力集中在这些部位。第三，任由你的思绪飘回与该情绪相联的早年生活时光——越早越好。进入脑海的是什么？也许会出现情绪的视觉画面或片段，也可能会记起一个特定的场景。任由自己重新体验这些熟悉的想法与情感。第四，你目前的问题与过去有何联系？过去与现在有何相似之处？过去与现在之间的联系对你理解目前的问题是否有新的启示？第五，想一想你的性别、原生家庭、文化、民族特征。这些因素与你的体验之间有何联系？"当对来访者运用该技术时，咨询师与治疗师注意不要对其施加特别的暗示。这必须完全是来访者的联想，而非咨询师与治疗师的。

值得注意的是，自由联想法常常只关注来访者的个人因素。如果咨询师与治疗师能让来访者自由联想到性别、家庭或文化问题，就说明咨询与治疗已经跨出了一大步。

（三）自由联想治疗的个案与分析

案主：小龚，男，21岁，大学三年级学生。他的主要症状为对"女性恐惧"，不能和女同学进行正常交往，害怕接触女同学，面对女同学总会不自主地紧张冒汗，说话结巴；后来发展到怕看一切女性，包括亲戚朋友。因此，他不敢进入教室、学校，后来甚至因不敢外出而闭门不出。他自己也认识到这种恐惧心理荒唐可笑，却无法自我控制，为此他感到十分焦虑与抑郁，睡眠状况极差，失眠多梦。为了不耽误学业，小龚主动来到大学生心理健康中心求助。

初次见到小龚，咨询师注意到他精神很憔悴，背有点驼，眼圈浮肿，眼神呆滞，面部肌肉很紧张。凭直觉，咨询师感觉到小龚的心理压力很大，而且这种压力已经超出他的承载负荷。当小龚坐定后，为了取得他的积极配合，消除阻抗心理，咨询师特别强调了咨询工作的保密原则。从小龚的眼神和表情中，可以看出他开始放松下来，并对咨询师有了初步信任。这是咨询过程中很关键的一步，也是咨询互动关系的良好开端。

在初步取得对咨询师的信任后，小龚开始倾诉他的压抑和烦恼，咨询师对其痛苦表示理解和关心，让其在安静的心理咨询室舒适地坐下，引导小龚调节呼吸，慢慢地让身心放松下来。然后，鼓励小龚进行自由联想，不必拘泥于形式和顺序，可以想到哪说到哪，把脑子里想到的，平常不愿向他人启齿的，与道德有关的甚至违背常理的内容，都可以毫无顾忌地说出来，尽可能回忆早年的生活经历以及自己的感受。

在最初的自由联想过程中，小龚并未说出与病症有关的主要内容，其间曾出现几次阻抗与反复现象，但小龚对安全的治疗气氛感到满意，并表露出欲言又止、迟疑的复杂心态。咨询大概进行了4周之后，小龚的精神状态明显转好，对女生不那么敏感，也敢于主动接触女生了。这表明，小龚通过自由联想有所顿悟，对自己存在的问题有了一定的深刻认识，并能主动改善。

在来访者自由联想的过程中，咨询师要注意保持相对沉默，专心倾听，并对来访者表示理解和支持，使其尽量放松并回忆以往生活中不愉快的经历和感受，只有说出想到的事情，治疗才能产生效果。

三、梦的分析的操作与运用

（一）梦的分析的内涵

弗洛伊德认为，梦是通向潜意识的一条迂回道路。人们在睡梦中，身体放松，意识模糊，自我控制减弱，潜意识的欲望趁机表现出来，所以梦境为本我冲动提供了表演的舞台，成为愿望满足的一种方式。梦并非无中生有，许多梦的内容与被压抑的无意识内容有着某种联系，但由于人的精神处于一定的自我防御状态，这些无意识当中的愿望通过化装变形后才能进入意识成为梦。因此，在弗洛伊德看来，梦是一种愿望的达成，通过分析梦最终能找到来访者被压抑的欲望。

所谓梦的分析就是要通过象征化、移植、凝缩、投射、变形等方法，把原本杂乱无章的东西加工整合为梦境，这就是做梦者能回忆起来的显梦。显梦的潜意识含义就是隐梦，隐梦的思想要经过精神分析家的分析和解释才能被做梦者所了解。弗洛伊德认为，在梦中所出现的几乎所有物体都具有象征性。对梦的解释和分析就是把显梦的化装层层揭开，由显相寻求其隐意，找出梦中出现的物体所具有的象征意义。在梦的分析过程中，咨询师与治疗师还可以让来访者对梦中表现内容的某些方面进行自由联想，并由此揭示其潜在的意义。

（二）梦的分析的具体操作

对梦进行解释的操作过程，其实就是将隐梦转化为显梦的过程。梦从无意识到意识的过程，需要经过梦的检查作用，即最后到我们意识中的梦是经过伪装的。所以，弗洛伊德认为，理解梦就要从了解梦的伪装开始。首先是伪装的起因，即梦的动机；其次是伪装的作用；最后是伪装的方法。梦中可能出现一些不知所云的模糊之音，其意思也许已经丧失或受到了压抑，受到压抑的原因是这些言语太令人惊异或梦者的意识接受不了。这就是梦的检查作用。梦的检查作用常采用修饰、暗示、暗喻等方式来代表其真正的意义。

梦的分析最关键之处在于分析梦中出现的元素或符号所代表的象征性意义，即理解梦的象征语言。弗洛伊德认为，梦中元素或符号的象征与隐喻就是来访者潜意识的表达方式；通过解释这些元素或符号的象征性含义，能够理解来访者梦中隐藏的冲突和欲望。以下是一些常见的梦中元素或符号及其可能的解释，以供心理咨询师与治疗师参考①。

（1）水。水在梦中通常代表情感和潜意识。清澈的水可能象征着情感的流动和清晰的思维，而浑浊的水可能表示情绪的混乱和困惑。

（2）火。火在梦中通常代表欲望、激情和能量。它可以象征性地表示性欲望、创造力和愤怒等强烈的情感。

（3）楼梯。楼梯在梦中往往代表个人成长和进步。上升的楼梯可能表示个体在实现目标和追求进步方面取得成功，而下降的楼梯可能表示挫折和退步。

（4）迷路。在梦中迷路通常象征着个体在现实生活中感到困惑和失去方向感。这可能表示个体对自己的目标和价值观感到困惑，或者在面对重要决策时犹豫不决。

（5）被追赶。在梦中被追赶通常代表个体面临压力、焦虑和逃避的感觉。这可能反映了个体在现实生活中被迫或无法逃避某种困境或责任。

（6）蛇。蛇在梦中通常具有象征性的意义，代表潜在的性欲望、诱惑和变革。另外，蛇也可以象征潜意识中的智慧和启示。

（7）父母。在梦中出现的父母代表个体对父母关系和童年经历的回忆和情感。父母的形象也可能象征着权威、支持或冲突。

（8）飞行。在梦中飞行通常代表个体的自由感和解放感。它可能表达个体对于超越现实限制和追求更高境界的渴望，也可以象征个体掌握生活的能力和自信心的增强。

（9）迟到。在梦中迟到可能代表个体对于时间管理和责任感的担忧。它还可能反映个体在现实生活中感到压力和急迫，或者对于错过机会或负责重要事件感到恐惧。

（10）裸体。梦中出现裸体通常象征着个体的脆弱性和暴露感。它可能表示个体在现实生活中感到无助、不安全或对自我暴露的恐惧。

（11）死亡。在梦中出现死亡通常不是字面意义上的生命终结，而是象征着变革、结束和新的开始。它可以表示个体对于某种旧的方式、关系或观念的终结

---

① ［奥］西格蒙德·弗洛伊德. 梦的解析［M］. 奕珊，译. 北京：中国华侨出版社，2018.

和转变的渴望。

当然，对梦中出现的元素或符号的解释是主观的，并且可能因个体的经历、文化背景和个人经验而有所差异。对梦的语言理解也是一种艺术，需要咨询师与治疗师具备丰富的知识与实践经验，以及足够的耐心。另外，为了能更好地理解梦中元素或符号所隐含的意义，有必要把梦的解析与来访者的自由联想相结合。

（三）梦的分析治疗的个案与分析

案主：小雅，女，22 岁，某大学四年级学生。小雅性格比较柔弱，思想幼稚、单纯。她来自农村，父母是个体户，家里有两个女儿，她是姐姐。她第一次来心理咨询室时自述与同学相处感觉很累，自己总是默默忍受；再加上最近和男朋友的关系比较紧张，让她有苦无处诉，非常焦虑，晚上开始多梦，甚至失眠。但对于与男朋友的关系，她表现得比较敏感，或觉得难以启齿。

小雅还自述最近的梦比较多，也有讲述梦境的意愿，所以咨询师在第三次咨询时就开始了梦的分析工作。以下是小雅讲述的其中一个梦：一个武功很好的师傅在河边教两个徒弟，我站在旁边跟他们聊天。突然听到师傅大叫："河中有一条头大身肥的蛇！"我跳到河中捉起蛇，发现它是没有毒性的，就又放回水中。然后蛇游向下游洗衣服的中年妇女那边，妇女与蛇开始追逐起来，突然间蛇加快速度游向我并狠狠地咬了我一口。这才发现蛇是有毒的，我非常担心自己会死去。后来两个徒弟带我去一个神医老婆婆那里寻求帮助，老婆婆泡了一大缸药水，并抓起大缸中的死青蛙咬开，里面出来的是小金鱼，很可爱，还会像小孩那样哭叫，老婆婆说这种水是有解毒功效的，接着我就醒来了。醒来后，小雅惊吓出一身汗，主要是对毒蛇的恐惧和得到救助后重获新生的余悸。

根据弗洛伊德关于梦的理论，小雅的这个梦可能与性有关。因为蛇是性的象征，梦的作用是通过被蛇咬产生的恐惧，来表达小雅对性的恐惧和焦虑。这一点随后得到了证实。当咨询师询问小雅最近生活中有没有发生与性有关的事情时，小雅很害羞地说出了，男朋友跟她提出了性要求，她不愿意这样，但又不知道怎样拒绝，内心比较焦虑。梦中武功很好的师傅，是位权威的人物，充满力量，也许跟父亲有关。她从小在家里就受到比较传统的教育，父亲的严厉，更是让她对男性和权威人物向来比较敬畏，同时在潜意识里，她想反抗，但因为对方的强大，她的攻击性受到压抑。另外，她认同这种强有力的男性，来补偿自己的弱小。她在生活中常通过委曲求全的方式获得他人的好感，她觉得如果拒绝他人，他人会因此离开她，这正说明了她内心还不够强大，无法承受被人拒绝的感受。同时，因为这个师傅在传授技术给徒弟，就告诉来访者她能在学校里获得力量，让自己成长起来，只有让自我强大起来，才能真正得到他人的认同。蛇是这个梦中最重要的象征，蛇象征着性，也象征着力量，并且指向无意识，同时蛇具有治愈的力量。

在咨询的过程中，小雅逐渐认识到自我成长的需要，也开始正确认识婚前性行为。在多次咨询之后，小雅已经能跟同学较为自如地交往了，她能够表达自己真实的情感，同学也开始慢慢关注她的感受。与男朋友的关系也得到缓和，她说幸亏没有发生她不愿意发生的事，因为她在心理上还没有做好准备。另外，通过沟通，男朋友也能很好地体谅她的情绪。

四、沙盘游戏治疗的操作与运用

沙盘游戏治疗是目前国际上影响较为广泛的心理治疗方法和技术之一，它起源于卡尔夫（Kalff）等学者的努力，形成于荣格分析心理学与中国文化的结合。其基本特征以心理分析的无意识理论为基础，注重共情与感应。通过在"沙盘"中发挥原型和象征性的作用，实现心理分析与心理治疗的综合效果（王萍、黄钢，2007）。

（一）沙盘游戏治疗的基本原理

1. 无意识理论

沙盘游戏治疗首先基于无意识理论。根据弗洛伊德经典的精神分析理论和荣格的分析心理学理论，个体大部分心理病症的根源是意识与无意识的分裂与冲突。在沙盘游戏治疗过程中，来访者与沙盘游戏分析师一起，在无意识的引导下通往治愈和成长之路。也就是说，通过连接来访者的无意识层面，在其意识与无意识之间建立贯通的桥梁；进入其无意识层面来化解各种情结，通过无意识来增加与扩充意识自我的容量和承受力（申荷永等，2005）。一般来说，运用沙盘游戏进行分析与治疗要具备三个基本条件：其一，保障来访者的安全与自由。这不仅是意识层面的要求，也是沙盘游戏者无意识层面的需要。因为在从事沙盘游戏治疗工作时，沙盘治疗师所面对的不仅是沙盘游戏者的自我意识，更要十分敏感地面对沙盘游戏者的无意识。其二，采用非言语治疗，这实际上是发挥来访者无意识语言的作用。其三，采用非指导性治疗，这实际上也是发挥来访者无意识的指导性作用。

从以上论述中我们可以看出，无意识不仅是理论，而且具有重要的方法论意义。如弗洛伊德精神分析的"三大方法"，即"自由联想""梦的解析""移情与暗示"，都与其个体潜意识观念有着某种必然的联系。

2. 象征性的分析原理

沙盘游戏治疗师除需要具备心理学的基础和训练外，还需要具有对物体的分析与理解能力。沙盘游戏虽然被称为非言语的心理治疗，但治疗师要让沙盘图景"说话"，就需要使用符合无意识心理学的象征性语言。当一个符号或文字包含超出一般和直接意义的内涵时，便具有了象征或象征性的意义。如我们在沙盘中看到一个像车轮样的物体，它除了具有现实车轮的功能和作用，还可能具有较为深远的象征性意义，即超越了其单纯意识层面的意义，还包括个体无意识层面的深刻内涵。所以，在沙盘游戏分析与治疗的过程中，对这种象征性的理解，以及对这种象征内容的感受与体验，是非常重要的。

一般来说，沙盘主要分为两大类别：一类是干沙沙盘，另一类是湿沙沙盘。湿沙沙盘主要是在干沙沙盘的基础上加了水。这两类沙盘都可以设计各种类型的沙盘模型，如人物、动物、植物、建筑材料、交通工具等其他具有文化象征意义的造型。沙盘游戏分析与治疗师需要通过各种形状的沙盘模型捕捉与把握其原型及其象征性的意义。

3. 共情理论

沙盘游戏的治疗十分重视共情的治愈作用，并且注重在实践中发挥共情方法与技术的作用。它表面上看起来是非言语治疗与非指导性治疗，但实际上治疗师需要营造安全、受保护与自由的氛围，默默守护沙盘与整个治疗室的气氛，无时不在发挥感应和共情的治愈作用。

（二）沙盘游戏治疗的具体操作

一般来说，沙盘游戏治疗包括以下几个步骤。

第一步，互相熟悉，取得来访者的信任。面对一个新的来访者，沙盘游戏治疗师首先要做的工作就是在较短的时间内让双方熟悉起来，取得来访者对自己的信任，同时初步了解来访者的基本情况。

第二步，营造自由、安全的氛围。在互相熟悉与信任的基础上，沙盘游戏治疗师接下来要做的工作就是营造一种自由与安全的氛围，即以一种欣赏而不是评判的方式面对来访者的所作所为，跟着游戏走，并与其步调一致，而不是干涉对方；经常鼓励来访者体验他们内在的、经常未被意识到的自我。

第三步，来访者搭建沙盘图景。沙盘游戏治疗师将来访者的兴趣逐渐引向沙盘游戏的材料。这些材料一般包括一个按特定比例制成的沙盘、水罐、装有各种类型微缩模型的架子，这些微缩模型包括人、物、建筑物、桥梁、交通工具、家具、食物、植物、石子、贝壳等。沙盘游戏治疗师应告诉来访者，只要他愿意，就可以自由使用它们，随意搭建头脑中想象出的任何图景。在来访者搭建沙盘图景的过程中，沙盘游戏治疗师通常要坐在一个离沙盘较近的地方，以便及时发现来访者在搭建沙盘图景的过程中所表露出的种种情绪。当然，这个地方又不能太近，太近了会干扰来访者的搭建过程。在沙盘图景搭建完成之前，沙盘游戏治疗师最好不要插话，不要提问题，也不要发表个人建议，只静静地观看即可。

第四步，与来访者讨论沙盘图景。当来访者把沙盘图景搭建完毕后，沙盘游戏治疗师要和来访者做进一步的讨论，以便了解一些惹人注意的举动的特殊含义，明确图景中每个模型的具体指代。因为从严格意义上说，就某一具体的沙盘图景而言，只有其创作者才能真正理解它的内涵，以及这种游戏的体验到底意味着什么。在这一过程中，沙盘游戏治疗师要注意把握讨论的主题并始终围绕来访者搭建的沙盘图景展开，不能偏题。由此看来，沙盘游戏要求治疗师不仅要做一名好的观察者，还应该尝试做一名懂得把握分寸的参与者。

第五步，分析来访者沙盘游戏模型的主题。分析来访者沙盘游戏模型的主题是沙盘游戏分析与治疗的中心任务。因为其主题是沙盘游戏模型所表现的象征性意义的总结，它显示出来访者在沙盘游戏中表达的基本意义，以及来访者的心路历程的变化。一般来说，沙盘游戏的主题分为三大类，即受伤的主题、治愈的主题与转化的主题。其中，受伤的主题经常反映混乱、空洞、分裂、隐藏、受阻、威胁等内涵。治愈的主题往往反映来访者内在的积极变化，如聚集的能量、开始的旅程、生长的树木、沟通的桥梁。转化的主题突出表现一些转化的内容，如旅程、趋中、整合等。当沙盘中出现了蝴蝶、青蛙、蝉、蛇等具有转化象征意义的物件时，则可理解为转化的主题。

另外，作为沙盘游戏治疗师要能设身处地地站在来访者的角度理解和分析沙盘给来访者带来的信息和感觉，如来访者对于沙盘游戏治疗的感觉和态度、来访者意识和无意识之间的关系、来访者所面对的个人问题和困难、帮助来访者解决其问题的可能途径等。

（三）沙盘游戏治疗的个案与分析

案主：小宇，男，22 岁，某大学四年级学生。小宇自称找不到归属感，总感到孤独，人际关系很差，找不到朋友可以和自己沟通，找不到快乐的理由，只愿意和自己内心沟通，有自恋的倾向。他有父母和姐姐，平时和母亲聊天较多，母亲对他管教严厉。父亲常年在外务工，他也很少和父亲沟通，也几乎没有和姐姐沟通过，在家庭中找不到归属感。他小时候是一个很高傲的人，有着强烈的自尊心。其对他人的称赞不屑一顾，觉得他人很虚伪。他上大学后，感情上受挫。他曾鼓足勇气去追求同班一个女孩，但遭到冷酷的拒绝。这次打击更让小宇找不到感情的归属和方向。

来自大学生心理健康中心的沙盘游戏治疗师针对小宇的症状和沉默寡言的性格，决定对小宇进行沙盘游戏治疗。每周一次，每次 50 分钟。在小宇搭建的第一个沙盘模型中，出现了这样一些元素，包括雪花、桥梁、贝壳、骷髅棺材、船只、水车、带有庭院的房子、门口有三块光滑的石头、床、沙发、汽车、椰子树、鸟巢。从这些元素中可以反映出小宇在该阶段的基本心理状态。首先，小宇的心中有心理冲突。沙盘中同时出现的雪花和椰子树就像冬天和夏天一样同时存在，这表现出某种不协调。其次，小宇的内心充满着矛盾与焦虑。沙盘中的船只下面没有水，是无法航行的，同时小汽车前面是沙子没有道路可行。最后，小宇的童年可能具有创伤性经历，因为他在沙盘中摆放了一个骷髅棺材。综合上述分析，小宇搭建的第一个沙盘模型为受伤的主题。随后，治疗师与小宇一起讨论了由沙盘引起的一些联想与记忆，小宇表示愿意继续做沙盘游戏分析。

一周以后，小宇做了第二个沙盘。与第一个沙盘相比，其第二个沙盘总体布局要平衡一些。虽然有些重复元素，如房子、床、椰子树、鸟巢等，但有的元素位置发生了变化，如床和房子从原来的右边移动到了左下角。同时，沙盘中还出现了新的元素。在房子前面有一个男孩、一本书，还有一条可爱的小狗。模型中间出现了一小片水域，里面有一些海洋生物，包括海螺、鲸鱼、海龟。沙盘的中下方出现了一些水果和煮饭的器皿，左上方出现了一盏小灯。小宇说，沙盘里的那个男孩就是自己，他很喜欢这个沙盘带给他的感觉。治疗师说，静下心来，用心去感受、去体验这个沙盘带给你的感觉。过了一会儿，小宇说，他感觉很自由、很放松，那片海洋让他感觉很宁静，那本书也给了他一种力量。小宇的第二个沙盘，增加了很多现实感，这意味着小宇将能在现实生活中找到属于他自己的立足之地。同时，沙盘中出现了食物和水域，这些是积极的象征物，包含着孕育与滋养的意义。综合上述分析，小宇搭建的第二个沙盘模型为治愈的主题。

又过了一周以后，小宇做了第三个沙盘。与第二个沙盘相比，第三个沙盘几乎是第二个沙盘的进一步延伸和丰富。在第三个沙盘中，中间依然是一片水域，除了第二个沙盘中出现的鲸鱼、海螺、海星、海龟，还出现了一对鸳鸯。与第一个沙盘相比，此时沙盘里的小船也开进了水里。左下方除了房屋、男孩、小狗，还多了很多人物，大家一起在聚会，场景很热闹。书已转移到了右上方，并多出了一间房屋，鸟巢转移到了沙盘的右下方。沙盘中下和中上多出了很多动物，有牛、马、狮子、老虎，还有蛇。沙盘的四个角还种下了很多树木花草，虽然稍显混乱，但整个沙盘显得很有生机。在做完第三个沙盘游戏后，小宇也谈到了他的近况，表示自己的人际关系开始有所改善，自己也愿意主动地和他人沟通。综合上述分析，小宇搭建的第三个沙盘模型为转化的主题。小宇的一些症状已得到较为明显的转变，沙盘游戏治疗已初显疗效。

五、绘画治疗的操作与运用

绘画治疗本质上是一种投射技术，也是心理评估和心理治疗中常用的方法之一。该技术通过绘画的创作过程，利用非言语的工具探索混乱的内心，将困惑的感受导入清晰、有序的状态，以协助人们内在和外在世界更趋一致。绘画创作是内心意义的表达，它提供了一个非言语的自然表达及沟通的机会。来访者会把自己深层次的动机、情绪、焦虑、冲突、价值观和愿望等，不知不觉地投射到图画中。

（一）绘画治疗技术的类别

20世纪40年代至今，人们发展出多种绘画投射技术，并将其用于心理治疗与测验。根据其内容的不同，可将绘画治疗技术分为三类，即自由绘画、房—树—人（House-Tree-Person，H-T-P）测验、动态房—树—人（Kinetic-House-Tree-Person，K-H-T-P）测验。

1. 自由绘画

所谓自由绘画就是在心理咨询与治疗过程中，心理咨询师与治疗师只给来访者提供白纸与画笔，不指定具体的绘画内容，让来访者随心所欲地进行绘画，并以此分析来访者的心理状态与心理特征。在这种技术中，来访者可以自由地表达其最渴望表现的内心世界。在治疗中，它适合从一系列自由绘画分析入手。这种技术比任何技术都更能反映来访者的内心，也为心理咨询师与治疗师提供最多的治疗所需的信息，这是其他指定内容的绘画无法相比的。

值得注意的是，自由绘画这种技术对心理咨询师与治疗师的要求较高，要求他们具有广泛的知识背景、丰富的分析经验。

2. 房—树—人测验

H-T-P测验是一种规定了具体内容的绘画治疗技术，包括对内容、工具，甚至对画的位置都有一定的规定。之所以规定绘画的内容，一方面是为了对来访者的行为进行一定程度的规范，从而达到更易于标准化的目的；另一方面是为了有针对性地进行测验或治疗。因为各种内容的绘画都有不同的象征意义，如当治疗师需要了解来访者的家庭环境或要针对其家庭做治疗时，画房子比自由绘画更为有效。

H-T-P测验最早是在20世纪40年代末由巴克（Buck）提出的。该测验要求来访者随意绘制一幢房屋、一棵树和一个人，然后心理咨询师与治疗师针对每幅画向来访者提问，让来访者对所画图形及背景作描述和解释，甚至联想。提问的时间大约为20分钟，这些问题要求结构都非常严密。H-T-P测验的目的是测定人格。该测验主要依据以下两个假设。

其一，任何一种作品都与来访者的人格品质存在关系。人像常代表有意识的自我形象和与人相处的情形；房屋代表他的家及家庭；树的形态则反映来访者对生活及自身的态度，如一棵枯树反映情绪冷漠，而一棵茂盛的树反映生活充满活力等。

其二，图画与来访者对其细节的解释可以为分析来访者的人格提供有特殊意义的细节线索。H-T-P测验可测定的人格变量包括情感的强度及控制程度、内驱力水平及控制程度、心理需要和人际关系等。

3. 动态房—树—人测验

K-H-T-P测验由伯恩斯（Burns）提出，是另一种规定了具体内容的绘画治疗技术。在心理咨询与治疗过程中，心理咨询师与治疗师要求来访者将房子、树和人画在同一张纸上。与H-T-P测验不同的是，K-H-T-P测验要求画中人正在进行一项活动。按照K-H-T-P测验对图中每个细节和图画整体所作的诠释，心理咨询与治疗师能够在很短的时间内，取得一些被试者无法用语言表达而又十分值得注意的信息。K-H-T-P 测验为心理咨询与治疗师提供了一个有效的沟通工具，有助于了解来访者的心理状态、对自身角色的认知，以及与环境、他人的互动关系等。

（二）绘画治疗技术的材料准备与分析

1. 绘画治疗技术的材料准备

绘画治疗技术的材料准备主要包括纸张、绘画工具与指导语等。

关于纸张的准备，可以使用各种尺寸和各种形状的纸张。纸张上不要有任何痕迹，且要求是白纸；同时也鼓励来访者使用彩色的纸张。至于纸张尺寸，一般采用较为普通的 A4 纸即可。注意纸张要有一定的厚度，不可以过薄，如用 A4 纸，重量则至少达到 70 克/平方米的标准。因为太薄的纸张在绘画时容易弄破，也不方便涂很深的色彩、阴影或者重绘线条。如果使用蜡笔，最好选择具有纹理的纸张，这样的纸张可以吸附更多的颜色。

关于绘画工具，可以为来访者提供 2B 铅笔、彩色铅笔、24 色蜡笔或者彩色粉笔。圆头的蜡笔可能会给绘画过程带来困难，所以要准备小蜡笔，便于描绘图形的细节时使用。

另外，在绘画治疗开始前还需要提前准备指导语。一般的指导语如下：请在这张纸上画一间房子、一棵树和一个人（或正在做某种动作的人）。尽量尝试去画一个完整的人，而不要画漫画或火柴人。

2. 关于绘画颜色的分析

如果来访者在绘画中使用了多种颜色，那就有必要首先对绘画的颜色进行分析。瑞士精神科医生罗夏（Rorschach）在其墨迹测验中就比较强调颜色与情绪的关系。他认为，一个人对于颜色的注意，便是他情绪生活的核心。

虽然颜色在意义上具有一定的主观性，但不可否认的是，来访者在绘画中所使用的颜色也是具有投射意义的，所以，作为心理咨询与治疗师，还是有必要了解各种颜色的可能性解释。如来访者在绘画中过度使用红色，可能与愤怒的情绪有关；过度使用众多鲜明的颜色，则有躁狂症倾向的可能；持续使用暗色系的颜色，通常是忧郁的征兆；若来访者重复使用清淡、几乎看不见的颜色，则有可能企图隐藏真实情感。

当然，需要再次强调的是，心理咨询师与治疗师对颜色的解释需要慎重，不要出现较大的偏差；必要的情况下，可以寻找其他线索与证据加以佐证。

3. 房—树—人测验的分析

H-T-P 测验的分析重点在于分别分析房子、树、人所具有的象征意义。

一般来说，房子可作为庇护的堡垒，大多象征来访者所住的房子，也就是他的身体。如果来访者所画的房子有一条宽阔的走道通往入口处，这往往反映出来访者欢迎别人进入他的空间；如果来访者所画的房子是歪斜的，或是支离破碎的，这反映出来访者可能存在较为严重的心理问题；如果来访者所画的房子没有门、门把手或入口，这可能反映出来访者对他人持拒绝的态度，不欢迎别人进入他的空间或领地。

树的形象可以提供较为实用的信息，树一般象征来访者的生命力和能量水平，反映出来访者的心理成长。如来访者画的树生机勃勃、枝繁叶茂，则表示他的生命力比较旺盛，能量正在累积、增长；如果来访者画的树已枯死或者是一棵快要枯死的树，则表示他的生命能量正在减弱。

人物的画一般反映来访者的自我形象。H-T-P 测验除了可以分析房子、树、人所具有的象征意义，房子、树、人的相对位置也投射出来访者许多有意义的信息。如假设当房子象征母亲、树象征父亲时，人与房子、树的相对位置就可能表明来访者与父母关系的亲疏。如果将人画在树底下，而远离房子，那么表明来访者与父亲的关系更加亲密些，并渴望得到父亲的保护与关怀；如果将人画在房子之中，而远离树，那么表明来访者与母亲的关系更加亲密些，并渴望得到母亲的保护与关怀。

4. 动态房—树—人测验的分析

K-H-T-P 测验的分析重点在于从整体上分析来访者绘画的风格。其中，比较典型的绘画风格主要有依附画法风格、间隔画法风格、边缘画法风格、封闭画法风格、不稳定画法风格等。

依附画法风格主要是指来访者的绘画依附于两个或更多人物，即把两个或更多人物画在一起。两个人物画在一起反映来访者的生命有两面互相纠缠的现象，通常会抑制他的成长。动态家庭图和动态学校图有相似的风格，即均把两个人物或多个人物画在一起反映来访者的生命纠缠在一个复杂的网里，极大地抑制了其成长。

间隔画法风格是指来访者在一幅图里，意图用一条或更多条直线把物件隔离，如把人画在房子内。这表明来访者尝试从人群中孤立自己或退缩，包括他们的感情；或者认为自己会被他人拒绝或害怕他人，有否定或很难接受他人影响的感觉，没有能力开诚布公地沟通。

边缘画法风格是指来访者把所有物件画在纸的边缘上，或者垂直画，或者倒过来画。这表明来访者希望自己可以被动参与，而不需要直接参与或投入。此外，也表明来访者具有一定的防御心理。与人交流时，他们往往停留在搔不着痒处的问题或虚谈上，并且抗拒投入更亲密或更深的层面。

封闭画法风格是指在来访者的画中，一个或更多的物件被另一个物件圈起来，如跳绳、房子或线条等。这可能是因为来访者需要去孤立或远离那些具有威胁性的人物。

不稳定画法风格是指来访者在纸的底部或顶部画线条或阴影。这往往反映出来访者比较紧张，渴望稳定；他们可能来自一个非常不稳定的家庭，需要一个稳健的基础，以便获得安定感。另外，来访者在顶端画线，这预示着暴风雨来临前的乌云，通常表明来访者出现急性焦虑或是广泛性的忧虑或恐惧。一般而言，情绪不稳定的来访者更喜欢在纸的顶端画线。

（三）绘画治疗的个案与分析

小涛，男，21 岁，某大学二年级学生。小涛来自某城镇的三口之家，父母都是工人。父母从小对小涛的管束就很严厉，尤其是父亲，生气时还会打他。所以他小时候就形成了一个意识，即爸爸很厉害，自己最斗不过的人就是爸爸。他发现爸爸厉害是因为爸爸力气大，自己拗不过爸爸。所以小涛经常锻炼身体，希望有一天能胜过爸爸。小涛大学之前也谈过几次恋爱，双方总会不断地吵架，结果都以分手告终。到了大学，他下定决心要认真地谈恋爱，而父母对他的管束也相对放松了。他现在的女朋友是参加社团时认识的，两人在工作上很合拍，对方长得漂亮。半年以后，他们开始有些矛盾，有些争吵。小涛总觉得女朋友在挑他的刺，每次的建议都让他非常不舒服。小涛不明白，自己各方面都挺优秀的，女朋友怎么还不满意呢？开始他一直很忍耐，也很迁就女朋友，但是最后他终于忍不住了，就冲着女朋友吼叫。最后，女朋友向小涛提出了分手。小涛无法接受，感到十分痛苦。

来自大学生心理健康中心的心理咨询与治疗师让小涛在 A4 纸上画人、树、房子图。画中的人、树、房子之间是孤立的，没有任何联系。这表明，小涛在与人沟通上可能存在问题。小涛不太善于和同学交往，有时候给同学提意见时过于直率，导致同学不太高兴。小涛和父母之间的关系比较淡漠，他觉得父母只会严厉地指责他，甚至高中阶段还跟父亲发生过一次肢体冲突。自此之后，父子的关系开始变得很微妙，他认为跟爸爸难以沟通。

画中的人耳朵比较突出，露出了牙齿，手指又长又尖，给人的感觉是有力量的。其中，耳朵画得比较突出，可能是小涛比较在乎他人的评价；露出的牙齿，可能与攻击性有关，尤其是言语攻击有关；手指画得长而尖，表明小涛可能是有攻击性的、有敌意的。画中的树干比较细，没有树根；树叶尖尖的，往下长，且没有地平线。枝干较细，没有树根，这说明枝叶不能得到很好的滋养；树叶往下生长，感觉生命没有蓬勃；树叶尖尖的，也可能与小涛较强的攻击性有关；没有地平线，代表容易受到外界压力的影响。画中的房子有两扇窗、两扇门、一个冒着烟的烟囱。烟一般代表温暖的亲密关系，小涛画的烟囱上冒着一条直线的烟，可能暗示他在家中缺乏情感的滋养。两扇门、两扇窗可能与小涛对情感的需求有关，他渴望有爱情，或者想继续与女朋友交往。

该案例中，小涛最大的问题就是攻击性比较强。他喜欢给别人提意见；一旦自己受到外界的批评、指责，他就会生气、反击。在与女朋友交往的过程中也可以看到这些特点，起初他还尝试着去忍耐，后来也控制不住了，开始对女朋友吼叫。这和小涛父母的教养方式、其家庭成长环境与亲情的缺失有很大的关系。他从小生活在严厉的管教和指责中，很少体验到家庭的温情，这在无意中压抑了他的情感表达与攻击性欲望。长大后，他追求女生，期望自己的情感在爱情上得到滋养，以弥补小时候缺失的亲情。但随着感情的深入，这种未被处理的情绪就被带到两人的交往过程中。在处理小涛的攻击性问题上，咨询师跟他进行了深入交谈。咨询师建议小涛多参加体育运动、努力学习等；同时，还建议他真诚地表扬他人。小涛逐渐认识到自己的冲动真的会伤害到女朋友，自己身上确实存在需要改进的地方。在最后一次来访时，小涛开心地告诉咨询师，女朋友决定再给他一次机会。另外，他和父亲也有了较好的沟通。

课后思考题

1. 心理分析的基本理论有哪些？
2. 梦的分析的操作包括哪些步骤？
3. 沙盘游戏治疗的基本原理是什么？
4. 绘画治疗技术有哪些类别？

推荐阅读

［1］刘春雷，姜淑梅，孙崇勇. 青少年心理咨询与辅导［M］. 北京：清华大学出版社，2011.

［2］钱铭怡. 心理咨询与心理治疗［M］. 北京：北京大学出版社，2016.

［3］邰启扬. 催眠术：一种神奇的心理疗法［M］. 北京：社会科学文献出版社，2005.

［4］［奥］西格蒙德·弗洛伊德. 梦的解析［M］. 奕珊，译. 北京：中国华侨出版社，2018.

第四章　认知主义的基本理论及其在心理咨询与治疗实践中的运用

第一节　认知主义的基本理论

　　认知主义的核心思想在于，人类的思维活动是源于知识的，人类通过对外部世界的观察和经验的积累，形成了自己的认知结构，这种认知结构又影响了人类的思维和行为。20 世纪六七十年代，美国产生了认知疗法（Cognitive Therapy），其理论假设是，人的认知过程会影响其情绪和行为，因而通过认知和行为技术可以改变来访者的不良认知，从而矫正来访者的不良行为（刘春雷等，2011）。其主要着眼点放在来访者非功能性的认知问题上，目的是通过改变来访者对己、对人或对事的看法与态度来改变和改善来访者的心理问题。概括起来，认知疗法的基本理论主要包括埃利斯（Ellis）的人性观理论、情绪 ABC 理论、不合理信念特征理论与贝克（Beck）的认知疗法理论等。

一、埃利斯的人性观理论

　　美国心理学家埃利斯提出了理性情绪疗法（Rational‐Emotive Therapy，RET），这是一种最具代表性的认知行为治疗方法，其出发点在于埃利斯关于人性的假设（钱铭怡，2016）。埃利斯认为，弗洛伊德的人性观过于强调生物本性和早期经验对人的影响，并且不完全接受人本主义关于人具有充分发展潜力的观点。具体来看，埃利斯对人性的假设主要有以下几个方面。

（一）人既是理性的，也是非理性的

在埃利斯看来，人既可以是理性的、合理的，也可以是非理性的、不合理的。人可以用理性的、合理的思想和信念来指导自己的行为，也可以循着非理性的、不合理的思想和信念去行动。

（二）个人非理性思维导致消极情绪

情绪是伴随人们的思维产生的，人们情绪上或心理上的困扰多半是由自己不合理、非理性的思维即内部因素造成的，而很少是由外部因素造成的。也就是说，人们的情绪困扰常常是不理性的、不合乎逻辑思维的。每个人都拥有不同程度的不合理信念，只不过有心理障碍的人所持有的不合理信念更多、更严重。

（三）人既可以是快乐的，也可以是忧愁的

在埃利斯看来，人既可以是快乐的、兴奋的，也可以是忧愁的、焦虑的。当人们按照理性思维去行动时，人们就会是快乐的、兴奋的、富有竞争精神以及有所作为的；当人按照非理性的思维去行动时，就会产生很多情绪上的困扰，如焦虑、忧愁等。也就是说，非理性的思维方式会形成"不合理的信念"，从而使人陷入越想越苦恼的困境。

（四）人能够主宰自己的情绪

人是有语言的动物，人的思维常常是运用内化的语言进行的，不断地用内化语言重复不合理的信念就会导致无法排解的情绪困扰。从这个意义上说，人是自己情绪的主人，心理障碍的产生往往是个体使用内部语言重复不合理的信念的结果。人生来就具有以理性信念对抗非理性信念的潜能，能够改变认知、情绪和行为。因此，人是能够主宰自己的情绪的，每个人都要对自己的情绪负责。

（五）人的思维、情绪和行为可以同时发生

思维、情绪和行为在一个人身上既可以分别发生，也可以同时发生。当人有情绪体验时，他也可以同时有思维和行动；当人有思维时，他也可以同时有行动和情绪体验；当人行动时，他也可以同时有思维和情绪体验。

二、情绪 ABC 理论

情绪 ABC 理论是理性情绪疗法的核心理论，用于帮助人们将不合理的信念转变为合理的信念，进而帮助人们更好地适应生活环境。

（一）情绪 ABC 理论的主要观点

情绪 ABC 理论的主要观点是，情绪和行为反应并不是由外部的某一诱发事件引发的，而是由个体对这一事件的解释和评价引发的。ABC 分别是三个英文单词的首字母。A 的英文全称是 Activating Events，即诱发性事件，是指发生的与自己有关的事件。这里的事件含义较广，包括客观事实（如丢了一大笔钱）、他人的态度和行为（如有人对自己很冷淡）、与他人的关系发生变化（如失恋）、自己所造成的后果（如自己学习不得要领，导致考试成绩不理想）等。B 的英文全称是 Beliefs，即信念，是指个体遇到诱发事件之后相应产生的信念，也就是对事件的看法、解释和评价。C 的英文全称是 Consequences，即结果，是指个人对事件的情绪反应和行为结果。这种反应可能是正向的、积极的，也可能是负向的、消极的，还可能是适度的或过度的。

通常人们认为，诱发性事件可以直接引起人们的情绪与行为，即 A 直接引起 C。但情绪 ABC 理论不这样认为。该理论认为，诱发性事件只是引起人们情绪与行为的间接原因，而不是直接原因；而人们对诱发性事件所持有的信念、看法、解释才是引起人们情绪与行为的更为直接的原因。事件本身的刺激情境并非引起情绪反应的直接原因，个人对刺激情境的认知、解释和评价，才是引起情绪反应的直接原因。也就是说，不是 A 直接引起 C，而是 B 直接引起 C。

（二）基于情绪 ABC 理论的案例分析

以下我们基于情绪 ABC 理论剖析一个案例。甲、乙两人一起走在路上，迎面碰到一个认识他俩的人，但对方并未与他们打招呼，而是径直走了过去。面对同样的事件，甲、乙的想法可能并不相同。甲想：他可能遇到了什么难事，正在思考对策，因而没有注意到我们；就算是看到了我们而没理我们，也可能是有其他特殊的原因。于是，甲对自己说，如今生活不易，多理解他人吧，这不是什么重要的事情，做好自己的事最重要。但乙不是这样想的，他可能想：这个人应该是故意的，就是不想理我，看不起我，或是对我有意见；可是，我好像并没有得罪他啊。于是，乙一下子产生了愤怒的情绪，以致无法平静下来做自己的事情。

根据情绪 ABC 理论，上述案例中甲、乙面对同样的事件，却有不同的想法、看法，于是接下来两个人的情绪及行为反应就自然会有所不同。可见，人们的情绪及行为反应与其对事物的想法、看法密切相关。在这些想法和看法的背后，蕴含着人们对一类事物的共同看法，这就是信念。在上述例子中，甲对人对事持宽容、理解的信念，这是合理的、理性的信念；而乙不同，其抱有他人不能公正地对待自己的信念，这是不太合理或是非理性的信念。合理的、理性的信念会引起人们对事物适当的、适度的情绪反应；而不合理的、非理性的信念会导致不适当的情绪和行为反应。如果个体长期坚持某些不合理的信念，并长期处于不良的情绪状态之中，则容易导致各种心理问题、心理障碍甚至心理疾病的发生。

三、不合理信念特征理论

所谓不合理信念是一种不合理、非理性的认知，它会使人们出现情绪和行为问题，如抑郁、自卑、焦虑、恐惧等。韦斯勒（Wessler）经过归纳研究，提出不合理信念具有三个共同特征，即要求绝对化（Demandingness）、过度概括化（Overgeneralization）、糟糕透顶论（Awflizing）。

（一）要求绝对化

要求绝对化这一特征在不合理的信念中较为常见，它是指人们基于自己的意愿产生这样的信念，即认为某一事件必定会发生或必定不会发生。这种信念通常与必须、一定、应该或不可能、不应该这类词联系在一起，如"我必须获得成功""我一定能成功晋升""别人必须待我很好""他人不应该这样待我""这件事不可能发生"等。这种要求的绝对化在现实生活中是很难行得通的，因为客观事物的发生和发展往往有自身的内在规律，不可能完全按某一个人的意志运转，如果事情的发展不尽如人意，那么怀有这样的信念的人极易陷入情绪困扰。

对于某个具体的人来说，他也许在某件事情或某些事情上能取得成功，但不能保证他在每件事情上都能获得成功；同理，他周围的人和事物的表现和发展也许在某件事情或某些事情上能够以他的意志为转移，但不能保证在每件事情上都以他的意志为转移。因此，当某些事情的发生与个体对事物的要求绝对化不一致时，他就会感到难以接受、难以适应并陷入情绪困扰。理性情绪疗法就是要帮助这样的个体改变这种极端的思维方式，认识这些绝对化要求的不合理、不现实之处，并帮助他们学会以更加合理、更加理性的方式看待自己和周围的人与事物。只有这样，才能减少要求绝对性的个体陷入情绪困扰与情绪障碍的可能性。

（二）过度概括化

过度概括化是一种以偏概全、以一概十的不合理、非理性的思维方式。很显然，过度概括化犯了逻辑错误，就好像以一个人的长相或穿着打扮来判定其人品一样。过度概括化的一个表现就是，个体对其自身具有不合理、非理性的评价。如当一个人在事业或生意上遭遇失败时，他会认为自己一无是处，开始怀疑自己的能力。在日常生活中，的确有一些人在面对失败或是极坏的结果时，往往会认为自己"一无是处""一文不值""是个废物"等。这样以自己做的某一件事或某几件事的结果来评价自己作为人的价值，其结果是常常导致自责、自罪、自卑、自弃的心理，并产生焦虑、抑郁等消极情绪。

过度概括化的另一方面是对他人的不合理评价，即他人稍有差错就认为他很坏、一无是处等，进而导致一味地责备他人，以致产生敌意和愤怒等情绪，最终导致人际摩擦增加。在埃利斯看来，以一件事的成败来评价整个人是不理智的、比较极端的。他认为，一个人的价值是不能以他是否聪明、是否取得成就等来评价的，人的价值主要在于他具有人性。中国有句俗话，"金无足赤，人无完人"，意思是说，在这个世界上，完美无缺的人是不存在的，就像没有成色十足的金子一样。我们每个人都应该接受自己与他人的不完美或缺陷，他人和自己一样，都是有可能犯错误的。因此，我们不要随意评价他人，而应在特定的情景之下去评价人的行为、行动和表现。这也正是合理情绪治疗法的思想精髓所在。

（三）糟糕透顶论

糟糕透顶论是一种将可能的不良后果无限夸大、无限严重化的不合理、非理性思维方式。其认为，一旦有不好的事情发生，即使是一个小问题，也会是非常可怕的、非常糟糕的，甚至是一场灾难。在汉语中，糟糕的本意是事情或情况不好。当一个人认为什么事情都糟透了、糟极了时，这对于他来说，往往意味着最坏的事情，是一种灭顶之灾。所以，这种思维方式最为直接的后果就是，个体陷入极端不良的情绪，如耻辱、自责、焦虑、悲观、抑郁的恶性循环中，难以自拔。如有人得了感冒，就认为自己的病情很严重，甚至会死亡；有学生没考上大学，就觉得"世界末日"到了，自己没有前途；等等。这些都是糟糕透顶论思维方式的表现。

糟糕透顶论常常伴随人们对自己、他人及周围环境的要求绝对化而出现，即当人们认为"必须"和"应该"的事情并非如他们所想的那样发生时，他们的想法就会走向极端，感到无法接受这种现实、无法忍受这样的情景，事情糟糕到了极点。埃利斯指出，糟糕透顶论的确是一种不合理的信念，因为对任何事情来说，都可能有比其更坏的情形发生，没有任何一件事情可以定义为100%的糟透了。当一个人认为遇到了100%糟糕的事情或比100%还糟糕的事情时，他就是把自己引向了极端的负性不良情绪状态中。在理性情绪疗法看来，不好的事情确实有可能发生，尽管我们总是希望不要发生这样的事，但没有任何理由确定这些事情绝对不该发生。而我们所要做的就是努力接受现实，在可能的情况下改变这种状况。当看来不可能的事情发生时，我们也要学会适应现实，学会在这种状况下生活下去。

以上我们分析了不合理信念的三大共同特征。需要指出的是，在人们不合理的信念中往往都存在上述三种特征。其实，在现实生活中，每个人或多或少地会具有一些不合理的思维与信念，只是程度不同。只有那些具有严重情绪障碍，在这些不合理思维的倾向上表现得比较严重的人，才需要心理咨询师与治疗师对其做进一步的咨询与治疗。

四、贝克的认知疗法理论

美国心理学家贝克被公认为"认知行为治疗之父"。最初，他的认知疗法只用来治疗抑郁症，后来随着影响的扩大，认知疗法的应用范围扩大到许多其他心理障碍的治疗领域。

（一）认知疗法的理论假设

认知疗法的理论假设在于人的思想和信念是情绪状态和行为表现的原因。每个人都会因为对自己、他人、事物有不同的认识而产生不同的信念。每个人的情感和行为在很大程度上是由自身认识世界、处理问题的方式和方法决定的，一个人的思维方式决定了他内心的体验和反应。外界事物的刺激并不能直接引起反应，必须通过认知，也就是说，认知是刺激与反应的中介环节。正是通过认知这一中介，个体才可对过去事件作出评价、对当前事件加以解释、对未来可能发生的事件作出预测，而这些评价、解释和预测可以影响情绪系统和运动系统，从而使个体产生各种情绪和行为。如果认知发生错误，就可能导致错误观念，进而产生不适应的行为与情绪。

基于上述理论假设，贝克认为，一个人心理问题的产生不一定都是由神秘的、不可抗拒的力量引起的，常常是由错误的、扭曲的认知影响导致的。与其说是某种事件引起了心理问题，不如说是因为自己的认知偏差产生了心理问题。它也可以从平常的事件中产生，如错误的学习、根据片面的或不正确的信息作出错误的解释、不能妥善地区分现实与理想之间的差别。同理，抑郁症患者往往因认知发生错误、歪曲事情的真实含义而变得抑郁或进行自我谴责。他们总是对自己作出不合逻辑的判断，用自我贬低和自我责备的思想解释所有的事件。例如，不小心摔了一跤，这在别人看来是一件很小的事情，但在抑郁症患者看来，这是生活完全没有希望的表现，表明自己已经毫无用处了。所以，根据认知疗法的理论假设，心理咨询与治疗的关键并不在于改变来访者适应不良的行为，这只不过是治标不治本，关键在于更改或修正其错误、扭曲的认知。

（二）认知歪曲的形式

贝克通过自己多年的临床经验，总结与概括了几种典型的、有代表性的认知歪曲的形式，包括过度类推（Overgeneralization）、过度阐释（Overinterpretation）、武断推论（Arbitrary Inference）、极端思维（Polarized Thinking）、错误标签（Mislabeling）等。下面我们分别对这几种认知歪曲的形式进行分析。

1. 过度类推

过度类推是指个体仅根据事件的局部或个别细节对整个事件作出推论，这类似盲人摸象、以偏概全的认知形式。如有人遇到他人向自己求助，但自己没有帮上忙时，该人就会认为，自己对所有的事情都不太擅长，没有能力帮助任何人。

2. 过度阐释

过度阐释又称过度引申、过度泛化，是指个体以单一事件为基础，得出关于能力、操作或价值的普遍性结论。也就是说，从一个琐细事件出发引申为过度的解释、不够合理的阐释。如有人会认为：因为我打碎了碗，所以我笨手笨脚；因为我不能解决数学几何证明题，所以我是愚蠢的人。这些都是过度阐释的现象。

3. 武断推论

武断推论是指个体在缺乏证据或证据不充分时便草率作出结论的认知歪曲形式。如有人找邻居借东西，邻居没有借给他，于是他就认为自己没有本事；或早上突然发现自己的眼皮不停地跳动，于是便认为自己要大难临头；等等。这些都属于武断推论的认知歪曲形式。

4. 极端思维

极端思维是指个体在思考或解释问题时采用全或无（All-or-Nothing）或"不是……就是……"的极端思维方式。在他们看来，生活要么是黑要么是白、要么美好要么糟糕、要么完美要么彻底失败等，这些都属于极端思维的认知歪曲形式。

5. 错误标签

错误标签是指个体根据过去的不完美或过失来给自己贴上错误的标签，使自己的身份认同发生错误。另外，错误标签还表现为，根据自己固有的消极印象，狭隘地评价他人，即给他人贴上错误的标签。如有人在社交场合，没有人主动同他打招呼，便认为自己是不受欢迎的人；或看到他人有某个缺点，就认为他是一个堕落的坏人；等等。这些都属于错误标签的认知歪曲形式。

第二节 基于认知主义的基本理论的
心理咨询与治疗方法

基于认知主义的基本理论的心理咨询与治疗的主要目标是帮助来访者找出他头脑中存在的非理性的、不合理的或错误、扭曲的观念，并帮助其建立较为现实的认识问题的思维方法，减少扭曲的认知所造成的不良后果。也就是说，心理咨询师与治疗师不仅要帮助来访者消除已有的心理症状，还要帮助他们尽可能地减少产生新的不良情绪及行为问题的认知倾向，最终促使其心理症状发生积极的改变。概括起来，在这种理论范式下的心理咨询与治疗方法主要包括不合理信念消除法、认知重建法、理性情绪想象法等。

一、不合理信念消除法的操作与运用

在理性情绪治疗的领域，不合理信念消除法占据比较重要的地位。心理咨询与辅导者需要帮助来访者向其不合理信念提出挑战和质疑，以动摇其信念，以便改变其错误或歪曲的认知。该方法有两个非常关键的具体操作步骤：其一，如何找到来访者不合理信念，即识别并寻找到不合理信念，帮助来访者分辨其信念中的合理成分和不合理成分；其二，如何让来访者认识到不合理信念的不合理性，并加以改正与消除。下面，我们分别围绕这两个步骤进行讨论。

（一）辨别不合理信念的方法

1. 利用情绪 ABC 模型

辨别来访者的不合理信念可以从情绪 ABC 模型着手。

第一，先从某一典型性事件入手，进行具体分析。如果没有遭遇过典型性事件，也可以考虑选择能够引起来访者困扰的具体事件。这样做的目的就是找出诱发性事件 A。

第二，询问来访者对这一典型的诱发事件或引起来访者困扰的具体事件 A 的体验与感觉，以及事件 A 发生以后来访者是如何反应的。这样做的目的就是找出事件 A 的结果 C。

第三，询问来访者是否体验到焦虑、恐惧等不良情绪以及具体的原因，即从来访者不适当的情绪及行为反应着手，找出其潜在的看法与信念 B。

第四，帮助来访者分析，对事件 A 持有的哪些信念合理、哪些信念不合理，将不合理的信念作为 B 列出来。

值得注意的是，上述找出来的信念 B 并不是来访者对这些事件表面上的看法，而是其深层次看法或是对一类事物的总体看法。另外，每条信念都要逐一分析，不应遗漏。

2. 理性情绪想象法

理性情绪想象法是帮助来访者找寻不合理信念的有效方法之一。

首先，让来访者想象进入产生过不适当的情绪反应或自己感到最难以忍受的情境中，即让其体验强烈的负向情绪反应。

其次，心理咨询师与治疗师帮助来访者尝试改变这种不适当的情绪体验，并转而体验适当的情绪反应。

最后，让来访者停止想象，并讲述他内心的想法，自己的情绪有哪些变化，是如何变化的；改变了哪些观念，又接受了哪些观念等。

除此之外，理性情绪想象法的运用还有一个更加简便的方法，就是让来访者直接想象某个情境。在这一情境下，来访者可以按自己所希望的去感觉和行动，最终拥有较为积极的情绪。

需要强调的是，理性情绪想象法的使用有一个前提条件，就是心理咨询师或治疗师需要与来访者建立关系。

3. 角色扮演法

角色扮演法就是让来访者扮演具有某些消极行为的角色，体验其行为与情感反应，以便发现隐藏在这些行为、情感反应之后的不合理信念。具体按以下步骤操作。

首先，心理咨询师与治疗师要像电影导演一样，向来访者说明运用角色扮演法的原因和可能产生的效果，并教给来访者角色扮演的一些技巧和方法。

其次，在角色扮演的过程中，心理咨询师与来访者讨论角色扮演的各种情况。

最后，咨询师注意观察来访者在角色扮演中的行为与情感反应，推测出隐藏在这些行为、情感反应之后的非理性思维。

角色扮演法的使用有两个条件：一是要征得来访者的同意，如果来访者不同意、不配合，则不能运用这种方法；二是要使来访者理解与认同这种方法的功效，否则也不能使用这种方法。

4. 自我对话法

自我对话法，又称出声思考法，即要求来访者将自己在某种问题情景中的内心活动，用言语的形式表达出来，以便找出隐藏在这些内部思维活动背后的不合理信念。自我对话法的运用有一定的难度，因为在某种问题情景中，来访者的内心活动可能比较复杂，有多种选择的可能性。同时，来访者的思维活动又总是默默进行着，他只借助不出声的内部语言就能完成，无须借助出声的外部语言（王甦、王安圣，2006）。但这样的话，心理咨询师与治疗师就无法得知来访者的不合理信念。具体可以按如下步骤操作。

首先，在利用这个方法之前需要征得来访者的同意，才能对来访者进行足够的训练。如给来访者布置一个思维作业，如做一道数学题或玩一个智力游戏，让来访者用出声思考法来完成。也就是在完成作业的过程中，要求来访者把自己想的每个步骤都如实用语言表达出来。如果来访者出现停顿或卡壳，心理咨询师与治疗师可以问他现在在想什么。

其次，经过训练之后，如果来访者熟悉了这一方法，心理咨询师与治疗师接下来就指导来访者想象某种问题情景；引导他将自己在问题情景中的内心思维以语言的形式表达出来。这样，心理咨询师与治疗师就可以根据来访者的口头表述来分析并发现来访者隐藏在内心深处的不合理信念。

自我对话法对内心思维活跃却喜欢沉默的来访者比较适用，而对那些内心思维不太活跃，不管是喜欢表达还是喜欢沉默的来访者都不太适用。

5. 合理情绪自助表格法

合理情绪自助表格法实际上是一种自我报告法，即在心理咨询与治疗的过程中，由心理咨询师与治疗师向来访者呈现"合理情绪自助表格"，要求来访者在表中填上诱发性事件和行为后果，以及来访者在诱发性事件和行为后果中的非理性信念。具体可以按如下步骤操作。

第一，填上日期。来访者的心理症状往往比较复杂，可能不是由一个非理性信念造成的，而是由多个非理性信念造成的。一般来说，为了全面了解来访者的非理性信念，需要来访者自我报告多次。这是为了便于区分前后顺序，反映重要性程度。所以，要求来访者每次报告都需要注明日期。

第二，填写诱发性事件。心理咨询师与治疗师有必要提醒来访者，对诱发性事件的描述应尽可能详尽，包括事件发生的背景、事件的整个经过、当时周围人的反应以及各种可能的状况。当然，来访者不一定都遭遇过诱发性事件，如果来访者无具体的诱发事件，可以让其记录日常生活中会引起不愉快情绪的"白日梦"或其他联想等。

第三，让来访者报告自己的情绪反应。情绪反应类型可涵盖几种基本情绪，包括悲伤、快乐、愤怒、恐惧、惊奇、厌恶和羞耻等。来访者除了要记录情绪反应的类型，还要记录各种情绪反应的强度评估。关于情绪反应的强度评估主要由来访者自己评估，可按照五点量表评估，包括强烈情绪、中等情绪、弱情绪、微弱情绪和无明显情绪。其中，强烈情绪指情绪非常强烈，无法控制；中等情绪指情绪有一定强度，但可以控制；弱情绪指情绪较弱，不会影响正常生活；微弱情绪指情绪很微弱，几乎无法察觉；无明显情绪指没有情绪表现。

第四，让来访者报告自己的行为后果。包括报告来访者的具体行为反应、自己对行为后果的评价，以及对行为类型强度的评估。心理咨询师与治疗师要提醒来访者，关于具体行为反应与对行为后果的评价一定要实事求是，不必有所隐瞒；关于行为类型强度的评价可参照情绪反应的强度评估五点量表标准。

第五，让来访者报告自己的非理性信念。一般来说，导致一种情绪体验和行为后果的非理性信念往往比较复杂，不止一条。所以，每次来访者至少要报告一条非理性信念，如果有更多的非理性信念，也可以报告，尽可能多地报告。

上述我们介绍了辨别和寻找不合理信念的常用方法，值得注意的是，任何方法都具有自己的适用范围和使用条件，就像世界上没有包治百病的良药，也没有放之四海而皆准的真理一样。所以，在心理咨询与实践过程中，心理咨询师与治疗师应根据来访者的具体情况有针对性地使用相应的方法，以便成功地找出来访者的不合理信念。

（二）消除不合理信念的具体方法

找到来访者的不合理信念以后，接下来就要思考如何将其消除。一般来说，有两类具体的消除方法：一是提问法，二是辩论法。

1. 提问法

根据提问的方式不同，提问法可以分为质疑式和夸张式两种。质疑式提问是指心理咨询师与治疗师针对来访者的不合理信念直截了当地以质疑的方式不间断地发问。如"你有什么证据能证明自己的观点？""为什么别人可以有失败的时候，而你不能有呢？""你能证实自己的观点吗？"等。来访者一般不会那么容易地放弃自己的信念，面对心理咨询师与治疗师的质疑，他们会想方设法为自己的信念进行辩护。因此，心理咨询师与治疗师要不断地提问，使来访者感到自己的辩解理屈词穷，才有可能放弃不合理的信念，接受合理的信念。最终，要让来访者认识到：①那些不合理的信念是不现实的、不合逻辑的；②那些信念是站不住脚的；③什么是合理的信念，什么是不合理的信念；④应该用合理的信念取代不合理的信念。

夸张式提问不同于质疑式提问，是指心理咨询师与治疗师针对来访者的不合理信念故意提出一些较为夸张的问题。这种提问方式就是把来访者信念中不合逻辑、不现实之处以夸张的方式放大给他们看，如同漫画手法一样，拿放大镜让来访者好好看看自己的不合理信念。如一位有社交恐怖情绪的来访者总担心别人看他，于是心理咨询师与治疗师对他说："那是不是你周围的人什么事都不干，都围着看你呢？""那你要不要在身上贴张标签，并写上'不要看我'的字样啊？"这两个问题都属于夸张式问题，是心理咨询师与治疗师抓住来访者的不合理之处所提出的。这种提问方式使来访者也感到自己的想法可笑、没有道理，从而容易让来访者放弃自己的不合理信念，比较容易让来访者心服口服。

2. 辩论法

辩论法是指心理咨询师与治疗师针对来访者不合理的信念与来访者展开辩论，不断向来访者不合理的信念提问，以挑战来访者的不合理信念，从而使来访者的信念动摇，并使之改变为合理的信念，最终消除情绪困扰。与不合理的信念辩论，心理咨询师与治疗师不仅要主动质疑来访者所持有的不合理信念，还要引导来访者对这些信念进行主动思考。这样的效果往往优于心理咨询师与治疗师单方面的说教。

关于辩论的方法，最为经典的方法为苏格拉底式辩论。苏格拉底是古希腊哲学家，他经常与自己的对手展开对话并进行辩论，用"苏格拉底式提问"的方式引导他人思考问题。该方法的核心思想就是，不再简单地提供答案，而是通过逐步追问引导对方推翻错误观点并寻找更准确的答案。苏格拉底式辩论的目的是找到真实的观点，而不只是表面的观点。通过不断追问，苏格拉底揭示出问题中的矛盾和逻辑错误，促使人们重新思考问题的本质。所以，这种方法又被称为"助产术"，言外之意就是引导他人产生真知灼见的过程。心理咨询师与治疗师可以采用苏格拉底式辩论和来访者进行交流，指出来访者的逻辑缺陷和信念中的矛盾，促使来访者思考。在这一过程中，心理咨询师与治疗师要注意起到引导作用，引导来访者积极思考。来访者也不应盲目地接受咨询师的观点，而应积极主动地思考自己信念的不合理之处，最终摒弃不合理的信念，转而接受合理的信念。

当然，苏格拉底式辩论方法并不是辩论的唯一方法，除此之外，心理咨询师与治疗师还可以根据来访者的具体情况采用其他方法。当气氛比较尴尬时，心理咨询师与治疗师可以采用幽默的方法，一方面用幽默化解尴尬的气氛；另一方面让来访者能够换一个角度看待问题，使来访者明白，双方辩论的目的不是针对来访者本人，而是针对来访者的问题。心理咨询师与治疗师可以运用讲故事和隐喻的方式，使来访者产生共鸣，能够设身处地理解与体会故事中人物角色的情绪困扰与不合理信念，从而反思自己的不合理信念，最终达到消除的目的。

（三）不合理信念消除法咨询与治疗的个案分析

案主：小雨，女，19岁。小雨来自农村，家庭经济状况并不是很好，她是家里的老大，下面还有弟弟妹妹各一人，从小父母就对她寄予厚望，她也不希望辜负父母的期望。进入大学之后，为了使自己得到更多的锻炼，她先后加入了

3个社团。大一时，她一边参加社团活动，一边努力学习，力争做到两者平衡，学习成绩在班级排名靠前，同时社团工作也做得有声有色。在大二开学以后的换届选举中，她当选为某小型社团的社长。此后，她更加努力地为社团工作。有一次，小雨所在社团与其他社团合作举办一次大型的活动。由于缺乏经验，两个社团合作得并不十分愉快，小雨在安排任务时出现了一些失误。不过，总体来看，这次大型社团活动还是取得了成功，得到了团委老师、观众与参与者的好评。但是，小雨并没有体验到成功的愉快，反而感觉自己非常失败，认为自己本应该做好的事情却做得一团糟；她甚至感到自己无力应付接下来的社团活动任务，做什么事情都做不好，从而导致无法专心学习，心理抑郁、情绪低落。

从上述案例来看，造成小雨心理抑郁、情绪低落的原因是近期发生的诱发性事件，即社团活动中不愉快的合作以及自己的一些失误。在诱发性事件的影响下，小雨产生了一些不合理的信念，如感到自己无力应付接下来的社团活动任务，做什么事情都做不好，对自己缺乏信心；有过于完美化的倾向，存在大量的"应该""必须"等绝对化的想法等。所以，要解决小雨这些问题，需要从小雨的非理性信念入手。

首先，咨询师带领小雨一起学习了情绪 ABC 模型的理论原理，充分认识诱发性事件 A、信念 B 与结果或反应 C 之间的关系；同时，咨询师还给小雨布置了家庭作业，让小雨每天完成"合理情绪自助表格"，让她每天记录自己的诱发性事件 A、自己的反应 C，以及自己的不合理信念 B。通过这些方法，咨询师帮助小雨找出诱发性事件 A 与产生的相应反应 C。然后，咨询师主要采用苏格拉底式辩论的方法质疑小雨的不合理信念，逐步使小雨认识到她所持有的信念是不合理性的；促使小雨转换看待问题的角度，从多个角度看问题，加深其对人性的理解、对生活的领悟。让小雨最终认识到，并不是诱发性事件本身导致了其心情低落，而是她对于事件的认知导致了她的情绪低落、心理抑郁。在这一过程中，咨询师还使用幽默的方法与小雨一起共同探讨不合理信念。经过多次咨询，小雨消除了自己的一些不合理信念，开始采用合理的信念看待自己生活中的一些问题。她的情绪得到了明显好转，对生活的控制感得到加强，社团工作更上一层楼，学习也重回正轨。

二、认知重建法的操作与运用

认知重建法是从行为治疗概念中发展出来的一种治疗方法。目标是通过改变来访者的认知、思想和意象活动，矫正来访者的不合理行为（林崇德，2003）。

这些方法的共同特点是重视来访者问题行为与情感障碍产生的根源，以及来访者在治疗过程中认知中介因素的重要作用。其理论基础是，治疗者要想改变来访者的不良行为，首先必须改变导致这种行为的认知及其认知结构。当然，至于如何改变来访者的认知及其认知结构，各种疗法都有自己的独特性与侧重点。

（一）认知重建的具体技术

1. 认知模板法

认知模板法就是让认知重建的过程直观化、视觉化的一种认知重建技术。该法的理论基础是班杜拉（Bandura）的社会学习理论。该理论强调行为与环境的交互作用，同时人的认知过程也发挥着重要作用，个体通过认知可以重新检验他们的生活体验。具体操作步骤就是，心理咨询师与治疗师根据对来访者的体验和感知进行分析，然后将分析结果以图表（称为认知模板）的方式呈现给来访者。这一方法的目的在于，通过视觉的媒介，使来访者更加明晰地认识到问题的症结，以利于他的认知重建，以及更加迅速、直观地促使来访者调节情绪，做出积极改变。

事实上，几乎在所有的心理咨询与治疗中，都或多或少地包含了认知模板法的影子，这可以有效帮助来访者探明其思维模式及这一思维模式形成的来龙去脉。

2. 自我强化法

自我强化法是指来访者通过自己支配的积极强化物（如良心、收获感、成就感、责任心等）和自己设置的行为评断标准，进行自我激励与自我强化，以便重建自己的认知。许多来访者刚开始只有自我否定的思想，没有或很少有积极、有益的自我评价。通过来访者的自我强化与积极的自我陈述，可以帮助来访者学会表扬自己的进步，使其获得正面强化，从而巩固已经获得的积极思想。在这一过程中，心理咨询师与治疗师需先向来访者说明积极自我陈述的目的，并提供一些具体的例子，如"我做到了，真棒""我终于克服了，真厉害"等，然后由来访者选择适合自己的陈述语。这样，来访者在咨询师的指导下，使用积极的自我陈述，进行自我表扬与鼓励，从而成功地运用积极思想替代消极思想。

以上我们可以看出，自我强化的实质就是帮助来访者自发地预测自己行为的结果，并根据这种结果对自己的行为进行评价和调节，以获得积极的自我认知。

3. 家庭作业法

家庭作业法就是心理咨询师与治疗师给来访者布置家庭作业，要求来访者在咨询室以外按照某种程序进行练习，逐渐学会识别、停止和替代自我否定思想，达到重建积极的自我认知目的。家庭作业法是认知重建的重要方法之一，心理咨询师与治疗师要保证来访者能够在任何实际情境中都可以使用这种方法，这一治疗过程一般需要几周时间。

该方法实施时，心理咨询师与治疗师可以向来访者提供家庭作业记录表，要求来访者做好记录。家庭作业记录表包括时间、情境、习惯性思维、情绪体验、应对思想、行为结果等要素。该记录表不能像记流水账一样，每次记录都要围绕或针对某个较为典型的事件。首先，来访者需要记录该事件发生的确切时间、发生的背景或情境，不能随意捏造，而是真实发生的事件；其次，来访者需要回忆自己的习惯性思维，当然是和本次事件密切联系的思维方式；再次，记录该事件给来访者带来的情绪体验，包括积极的与消极的情绪体验；又次，记录来访者的应对思想；最后，记录该事件造成的行为结果。心理咨询师与治疗师要注意尽量积极引导来访者的情绪体验与应对思想，鼓励其由消极转为积极。

通过家庭作业，心理咨询师与治疗师可以较为清楚地了解来访者的进展情况，而来访者也可以较直观地观察到自己所取得的进步，增强痊愈的信心，取得循序渐进的效果。

（二）认知重建法的操作步骤

认知重建法的操作一般包括以下步骤。

1. 识别来访者的消极认知

认知重建的第一步就是让来访者认识到自己的消极认知，如果来访者对自己的消极认知认识不到位，认知重建则无从谈起。在心理咨询与治疗的实践中，心理咨询师与治疗师常借助图式（Scheme）帮助来访者识别消极认知。西方哲学家一般认为，图式就是用来组织、描述和解释我们经验的概念网络和命题网络。认知心理学认为，图式是一种围绕某个主题的认知结构（康立新，2011）。图式实质上是一种心理结构，它能帮助人们感知、组织、获得和利用信息的认知结构

（王争艳、杨波，2011）。结合来访者的认知问题，图式是指来访者对自己在某种情境下过去经验的认知描述。

来访者图式的形成受其早期童年经历与依恋类型等因素的影响，而图式一旦形成，就会深刻影响来访者的认知。如果来访者在某种情景下形成了一种自卑或被抛弃的图式，那么他就会认为自己是失败的、孤独的、不被他人接受的，而不会认为自己是成功的、合群的、被人接受与认同。一般来说，来访者的消极认知具有以下几种特征：其一，过分担忧，即总是对未发生的事过分担忧，类似杞人忧天，如担心自己即使再怎么努力，也不会成功；其二，指向自我，即总是进行自我否定，认为自己总是不行；其三，糟糕偏向，即把事情总是往坏的方向想，看不到其正面的、积极的因素，如"这次英语四级考试又没考好，我怎么这么笨啊"；其四，思维绝对化，即很多想法总是喜欢加上"应该"或"必须"等，如他人就应该对自己好；其五，泛化倾向，即总是将对某个人或某件事的看法推广到所有人或所有事上，如这次英语四级考试失败了，就认为自己将来考研也不会成功。

以上我们分析了认知图式与消极认知的基本特征，心理咨询师与治疗师要注意通过语言提示及时让来访者认识其消极认知。

2. 引入积极认知

在来访者意识到自己的消极认知之后，心理咨询师与治疗师接下来要做的工作就是引入积极认知。

首先，告知来访者引入积极认知的目的与重要意义，使其认识到消极认知所造成的消极影响，以及积极认知所带来的积极意义。

其次，借助注意资源有限理论，帮助来访者提高认识。该理论的核心思想是，注意的资源与容量是有限的，这些资源可以被灵活地分配去完成各种各样的任务，甚至同时做多件事情，但完成任务的前提是要求的资源和容量不超过所能提供的资源和容量（彭聃龄、陈宝国，2024）。心理咨询师与治疗师要使来访者认识到，如果把注意力集中在消极思想上，那么消极思想就容易占据主导地位，而人的注意资源是有限的，那么对积极思想就自然考虑得少了。所以，对人、对事应该多考虑其积极方面、积极影响，少考虑或不考虑其消极方面、消极影响。

最后，告知来访者积极认知的特征。其包括经常给自己一些积极的暗示，对自己充满信心，坚信自己能行；在焦虑或紧张等情境中能够放松，保持冷静；经常进行自我强化与自我鼓励；等等。

3. 用积极认知替代消极认知

一般来说，消极认知与积极认知之间具有不相容性，来访者虽然对消极认知有了清醒的认知，心理咨询师与治疗师也使他们具备了积极认知，但是不能保证来访者就能顺利地用积极认知取代消极认知。所以，心理咨询师与治疗师还需要采取一些有效的措施帮助来访者顺利地用积极认知取代消极认知。也就是说，要为来访者创造较多的实践机会，提供模拟或真实的情境让来访者进行反复练习。

用积极认知替代消极认知的练习一般包括以下几个步骤：第一步，心理咨询师与治疗师要让来访者发挥丰富的想象力，即想象自己遇到了某种情境，并引起了心理困扰。当然，也可以利用角色扮演法，即心理咨询师与治疗师提供某个剧本，让来访者在其中扮演需要处理某种心理困扰的人物角色。第二步，要求来访者自我报告在面对心理困扰时的一些消极认知。第三步，心理咨询师与治疗师帮助来访者分析这些消极认知产生的原因及带来的不良后果，并要求来访者停止消极认知，立即用积极认知取代消极认知。

在这一过程中，心理咨询师与治疗师一定要有足够的耐心，因为来访者可能无法快速转变，所以要给予来访者充足的时间思考。在开始时来访者可以用出声语言报告，后期可以不出声地加以练习。随着来访者逐渐熟悉辨别消极认知、停止消极认知和用积极认知替代消极认知这些流程，心理咨询师与治疗师可以逐渐减少帮助的次数，使来访者由被动变为主动，这就离成功的认知重建不远了。

（三）认知重建法咨询与治疗的个案分析

案主：小美，女，18岁。小美出生于城市，是独生女；父母对她十分溺爱，基本上有求必应。第一次离开父母进入大学，小美对一切事物都感觉很新鲜。然而，在大学第一个学期，她就觉得有些不太适应。首先，她觉得军训强度较大、比较累。其次，学习方式、学习环境等和高中不一样了。高中阶段，她是班上的佼佼者，同学与老师都对自己高看一眼，使她在心里有种优势感。到了大学，她发现周围的同学个个都很优秀，甚至有的比自己还优秀，心理上产生了莫名的压力。同时，她和室友相处得不太融洽。有一天晚上，小美想早点熄灯睡觉，有一位室友还想看一会儿书，为此两人发生了较为激烈的冲突。另外，小美还有自卑心理，总觉得自己是外省人，宿舍的其他同学都联合起来排挤自己，渐渐地，她减少了与宿舍同学的交往。此后，她做很多事情都觉得很困难，上课无法集中注意力，对各种活动开始失去兴趣，不愿参加任何集体活动；有孤独感、无助感、无依靠感，不愿与人交流。最后，她的情况越发严重，表现出退缩、冷漠，终日闷闷不乐，情绪消极、抑郁。

在上述案例中，小美的症状已经达到了轻度抑郁症的诊断标准。通过访谈，大学生心理健康中心的心理咨询师与治疗师了解到，小美以前没有类似的发病史，所以这些症状的发生主要和小美对大学环境的不适应以及一些不良的生活事件有关。其中，消极认知是根源。小美的消极认知主要表现为思维绝对化与泛化倾向。小美父母对她有求必应、娇生惯养，时间一长就造成了思维绝对化倾向，认为周围所有人都应该对自己好，都应该让着自己。她无意中把宿舍当成了自己的家，认为寝室的其他同学就应该遵照自己的作息习惯。同时，小美的消极认知还具有泛化倾向的特点。本来，小美只是与寝室的某一位同学产生矛盾，但她把对这个同学的不满推广到了其他同学身上。于是，她又认为，这个本省同学对我不好，看不起我，其他本省同学也都是这样的。同学也觉得这个人不好相处，渐渐地疏远了她，同学关系变得越来越差。由于长期得不到人际支持，再加上自卑心理作祟，小美慢慢地脱离了班集体，陷入了孤独的个人世界。

上述我们分析了，小美轻度抑郁症的根源主要是消极认知，所以解决小美的问题就可以用到认知重建法，即消除小美的消极认知，引入积极认知，并用积极认知取代消极认知。为此，心理咨询师与治疗师针对小美的具体情况制订了详细的行动计划。首先，从思维绝对化与泛化倾向两个维度帮助小美分析其消极认知。如小美在处理寝室人际关系时，总觉得同学应该顺从自己的意愿，应该服从自己；小美总是"一竿子打死一船人"，只要有一位同学对自己有了某种态度，就觉得周围的同学都对自己有这种态度。其次，针对小美消极认知的两个特征，引入积极认知。寝室中人人都是平等的，大家要本着互相尊重、互相理解的态度，其他同学没有义务顺从自己的意愿，在与同学日常交往中要摒除这种"应该""必须"的思想。同时，以后在想问题、办事情时都要秉持就事论事的态度，要有针对性地区分不同同学对待自己的态度，不要再有过度的、不合理的推理。最后，心理咨询师与治疗师要求小美练习用积极认知替代原有的消极认知，让她每天记录自己的完成情况及心情愉悦程度。如果训练完成得较好，则给予自我强化，采用内部语言表扬自己。经过这样的练习，小美发现自己对人对事的看法有了较大的改变，情绪也变得较为轻松愉快。通过多次咨询，小美的抑郁情绪有所缓解。一个多月后，小美基本恢复了正常的人际交往。

三、理性情绪想象法的操作与运用

（一）理性情绪想象法的含义与基本原理

理性情绪想象法（Rational-Emotive Imagery，REI）也是理性情绪疗法的重要方法之一。它是指心理咨询师与治疗师通过操控来访者的想象，帮助他们改变不正确、非理性的认知以及不适当的情绪体验。一般来说，来访者的情绪困扰，有时就是自己向自己传播的烦恼，如经常给自己灌输不合理、不正确的信念；然后，在头脑中夸张地想象各种失败的情境，从而产生不适当的情绪体验和行为反应。理性情绪想象法就是帮助来访者停止传播不合理信念的一种方法。

理性情绪想象法与心理治疗中通常所用的想象技术（心理想象疗法）既有联系又有区别。心理想象疗法也称想象法，即把想象看作发生在个体意识深处，并能够接近个体内心世界的重要手段。该方法应用大量不同的想象方法，如自发想象法、引导想象法、自我意象想象法、性想象法、父母想象法以及深层想象法等（林崇德，2003）。心理想象疗法的目的是帮助来访者进一步明确自我意象、自我态度及自我价值观等，既可应用于个体治疗，也可应用于小组治疗。而理性情绪想象法的主要目的是通过改变来访者对引发情绪的场景的想象，来调节和改善其情绪状态，改变来访者不正确、非理性的认知，以及在此基础上产生的不适当情绪体验。另外，理性情绪想象法一般只应用于来访者个体治疗，不太适合小组或团体治疗。

（二）理性情绪想象法的操作步骤

理性情绪想象法的具体操作可以分为如下几个步骤。

第一步，想象情境，体验负性情绪。心理咨询师与治疗师让来访者想象引发其情绪困扰的场景，即让来访者想象进入产生过不适当的情绪反应或自感最受不了的情境中，让他体验强烈的负性情绪反应。这一步骤主要是帮助来访者重新体验和回忆导致不良情绪的具体事件或情境，并让其认识到负性、消极的情绪体验来源是自己的不正确认知。

第二步，改变来访者的不正确认知与不适的情绪体验。心理咨询师与治疗师要帮助来访者改变这种不适当的情绪体验，并使他体验到适度的情绪反应。这常常是通过改变来访者对自己情绪体验的不正确认识来进行的。在这一阶段，来访者需要尝试调整自己的情绪反应，使之适度，并进行感知。

第三步，停止想象，获得新的情绪反应。在该阶段，心理咨询师与治疗师要让来访者报告他是怎样想的，自己的情绪有哪些变化、是如何变化的；自己改变了哪些观念、学到了哪些观念等。对来访者情绪和观念的积极转变，心理咨询师与治疗师应及时给予强化，以巩固他所获得的新的情绪反应。这一步骤的主要目的就是帮助当事人反思和总结在想象过程中所采取的情绪调节策略，从而在实际生活中更好地应用这些策略，以便获得积极的情绪反应与情绪体验。

在上述的整个过程中，心理咨询师与治疗师需要注意的是，要及时强化来访者所获得的合理观念，补充新的合理观念和认知，帮助来访者建立更健康的思维模式和情绪反应。通过这种方式，能帮助来访者学会如何通过改变自己的思维和想象来调节情绪，从而达到改善心理健康的目的。

理性情绪想象法主要是通过想象一个不希望发生的情境进行的，当然，除此之外，还有其他更加积极的方法。如让来访者想象另一种积极的情境，在这一情境中，来访者可以按自己所期望的方向去感觉和行动。通过这种方法，同样可以帮助来访者拥有积极的情绪和目标。

（三）理性情绪想象法咨询与治疗的个案分析

案主：小丽，女，19岁。小丽来自北方某个小城镇，父母都是当地一家工厂的工人。她是家中长女，下面还有一个弟弟。虽家中的生活并不十分宽裕，但小丽自小比较乖巧懂事；她的性格虽然偏内向，但学习比较勤奋刻苦，不想辜负父母对她的殷切期望；她还比较要强，总希望自己事事都能超过他人，否则心里会不愉快。进入大学之后，小丽在学生工作上比较积极，不久之后顺利进入了学院的学生会，成为一名光荣的学生干部。最近，小丽感到有些烦恼。学院即将召开一个学生会议，小丽需要在这个会议上发言。每每想到此事，她就感到有些恐惧，心怦怦地跳；她认为自己肯定不行，到时同学和辅导员肯定会看不起自己。她曾找到要好的同学倾诉，但感觉同学对此并不太热心，她们认为不至于如此，没有那么严重。于是，小丽的情绪比较焦虑，上课也不能专心听讲；晚上还伴有失眠症状，在床上辗转反侧睡不着觉。

小丽的症状达到了轻度焦虑的诊断标准。其症状的出现与其家庭背景、个人人格、不合理的习惯性思维有着密切的联系。小丽具有完美人格的倾向，有着较多不合理的习惯性思维方式。在心理咨询师与治疗师和小丽访谈的过程中，她经常使用"一定要""绝对能"等绝对化的字眼，而这类字眼正是完美人格倾向者最常用的字眼，是其标志物之一。她的思维方式中还具有糟糕至极和绝对化要求等特征。凡事她总喜欢往坏的方面想，不愿意往好的方面想。如开会发言这件事，她总是想着自己一定会失败、出丑，而不去想自己会获得成功，让同学和辅导员对自己刮目相看。面对自己的倾诉，她总是想同学应该理解自己，同学应该很好地对待自己。当同学知道她是一个容易焦虑的人时，觉得与她难以相处，就对她更加疏远了。于是，小丽觉得没有人能够理解自己、帮助自己，就越发焦虑了。

针对小丽的症状，来自大学生心理健康中心的咨询师采用理性情绪想象法进行处理。首先，心理咨询师让小丽想象引起她情绪困扰的情境，并体验负向的情绪反应。心理咨询师让小丽放松，闭上眼睛，开始想象她正和一些同学在一起，其中有认识的，也有不认识的；有男生，也有女生；小丽坐在他们中间；想象有几个同学好像在议论小丽，用特别的眼光看着她，并流露出讨厌的神情。小丽觉得这么多同学在议论自己、讨厌自己，太糟糕了；同时，她还感到害怕、伤心与焦虑。然后，心理咨询师帮助小丽分析，"那些同学只不过是不喜欢你而已，可是你有什么理由必须让别人都喜欢你呢？即使他们真的不喜欢你，那又能怎样呢？能改变什么吗？事实上，你经常体验到的这些情绪带给你的仅是失望和遗憾，除此之外，什么都不能改变，你仍然好好地坐在这里"。最后，心理咨询师让小丽停止想象，并且陈述现在内心的想法。小丽觉得咨询师的话很有道理。她认为自己以前把一些问题想象得太严重了，一些事情并没有自己想得那么糟糕。虽然其他人不喜欢自己，但是并不能改变自己，自己也没有任何损失；只要不去想别人到底怎么看自己，就会觉得自己还行。所以，今后要彻底改变自己当初的想法，要用新的想法来代替，这样就不会感到伤心和焦虑。经过多次咨询，小丽的症状得到明显改善，她变得自信了，和同学也能融洽相处了。

课后思考题

1. 认知疗法的基本理论有哪些？

2. 认知重建的具体技术包括哪些？

3. 认知重建法的操作要遵循哪些步骤？

推荐阅读

［1］雷秀雅，吴宝沛，杨阳，等．心理咨询与治疗［M］.北京：中国人民大学出版社，2023.

［2］李江雪．大学生心理咨询技术与案例［M］.广州：广东教育出版社，2008.

［3］刘春雷，姜淑梅，孙崇勇．青少年心理咨询与辅导［M］.北京：清华大学出版社，2011.

第五章 行为疗法的基本理论及其在心理咨询与治疗实践中的运用

第一节 行为疗法的基本理论

行为疗法又称"行为矫正疗法"或"行为治疗",是通过学习和训练以矫正行为障碍的一种心理治疗方法。它兴起于 20 世纪 50 年代末,是继精神分析之后重要的心理治疗方法之一。行为疗法的理论认为,求助者的各种症状都是个体在生活中通过学习而形成并固定下来的。因此,在治疗过程中可以设计某些特殊情境和专门程序,使求助者逐步消除非适应性或不良行为,并经过新的学习训练形成适宜的行为反应(钱铭怡,2016)。行为疗法的着眼点在当前可观察的非适应性行为上,相信只要"行为"改变,所谓"态度"及"情感"就会相应改变,而不用关注来访者的潜意识,以及症状的变化状况和因果关系。行为疗法是在心理学实验的基础上建立和发展起来的,也就是在遵循科学的前提下,采用程序化的操作,帮助求助者消除不良行为,建立新的适应行为。其基本理论主要有经典性条件作用理论、操作性条件作用理论、社会认知理论等。

一、经典性条件作用理论

经典性条件作用理论最早由俄国生理学家巴甫洛夫提出。

（一）基本思想与概念

巴甫洛夫用狗做了一个经典的唾液分泌实验，发现了经典性条件作用，即一个原是中性的刺激（铃声）与一个原来就能引起某种反应的刺激（食物）相结合，就能使动物学会对那个中性刺激做出反应（唾液分泌）。所谓的经典性条件作用就是一个新刺激替代另一个刺激与一个自发的生理或情绪反应建立联系。

以下是经典性条件作用的几个重要概念：①无条件刺激（Unconditioned Stimulus，UCS），是指本来能引起有机体某固定反应的刺激，如引起唾液分泌的食物。②无条件反应（Unconditioned Response，UCR），是指由无条件刺激原本即可引起的固定反应，如食物引起唾液分泌。③条件刺激（Conditioned Stimulus，CS），是指原来的中性刺激，如与唾液分泌无关的铃声等。④条件反应（Conditioned Response，CR），是指条件作用形成后由条件刺激引起的反应，如由铃声引起的唾液分泌。

（二）经典性条件作用的基本规律

巴甫洛夫认为，条件作用建立之后，还会呈现以下规律。

1. 条件作用的消退

条件作用的消退（Extinction）是指条件作用形成后，如果条件刺激重复多次且没有无条件刺激相伴随，则条件反应会越来越弱，并最终消失。如动物对条件刺激形成唾液分泌条件作用后，若条件刺激之后不再给予食物强化，那么条件刺激物引起的唾液分泌物会逐渐减少，直至完全不能引起唾液分泌。

2. 条件作用的泛化

条件作用的泛化（Generalization）是指对某一特定条件刺激做出条件反应后，其他类似的刺激也能诱发反应。如动物不仅对经常受到强化的刺激产生唾液分泌条件作用，而且对其他近似刺激也会产生唾液分泌条件作用。

3. 条件作用的分化

条件作用的分化（Discrimation）是指对条件刺激和与条件刺激相类似的刺激做出不同的反应。如动物只对经常受到强化的刺激产生唾液分泌条件作用，而对其他近似刺激产生抑制反应。

4. 高级条件作用

高级条件作用（Higher-order Conditioning）是指一种新的条件作用。根据条件作用原理，中性刺激一旦成为条件刺激，就可以起到与无条件刺激相同的作用，即当另一个中性刺激与原有的条件刺激反复结合，就可形成新的条件作用。二级条件作用建立在一级条件作用的基础上。如狗对铃声建立了条件作用之后，再把铃声和灯光一起配对呈现，那么试验几次后单独出现灯光，也会引起狗的唾液分泌。这就是通过刺激替代建立了二级条件作用。同样，在二级条件作用基础上也可以建立三级条件作用。

（三）华生的行为主义学习理论

美国心理学家华生（Watson）认为，巴甫洛夫的经典性条件作用模式适于用来建立人类行为的科学；人出生时只有几个反射和情绪反应，其他行为都是通过条件作用建立新刺激—反应（S-R）联结而形成的。他根据经典性条件作用原理，用兔子做了一个著名的恐惧形成实验，也就是阿尔伯特恐惧习得实验。根据该实验，他提出了关于学习实质的基本观点：有机体的学习就是通过经典性条件作用的建立，形成刺激与反应之间联结的过程；学习就是以一种刺激替代另一种刺激建立条件作用的过程。

二、操作性条件作用理论

美国新行为主义代表斯金纳（Skinner）以严格控制动物的实验为基础，系统性提出了操作性条件作用理论。

（一）操作性条件作用的基本观点

斯金纳认为，人类和动物的所有行为都可以分为应答性行为和操作性行为两类。其中，应答性行为是由已知的刺激引起的，有机体被动地对环境刺激做出的反应，如巴甫洛夫的经典性条件作用的行为就属于应答性行为；操作性行为则是有机体主动地对环境产生操作以达到对环境有效适应的行为。相应地，条件作用也分为应答性条件作用即经典性条件作用和操作性条件作用即反应性条件作用。

斯金纳用老鼠做了一个经典的实验，发现操作性条件作用的形成过程就是有机体把强化和所发出的操作反应相联系的过程，强调行为及其结果。它包含两个原则：①任何反应如果随之紧跟强化（奖励）刺激，这个反应就有重复出现的趋向；②任何能提高操作反应率的刺激都是强化刺激。

由此看出，操作性条件作用与经典性条件作用具有不同之处。经典性条件作用是刺激—反应（S-R）的联结，反应是由刺激引起的；而操作性条件作用是操作—强化（R-S）的过程，即在操作反应之后再进行强化刺激。

（二）操作性条件作用的基本规律

1. 强化

强化是指当有机体做出某种反应之后，通过实施奖励或排除厌恶刺激的方式来增加将来发生同类反应的概率。强化分为正强化和负强化。其中，实施奖励的方式为正强化，排除厌恶刺激的方式为负强化。可见，正强化和负强化的最终目的相同，都是增加将来发生某种反应的概率，只是这两种强化所采取的方式不同。

根据提供强化物的时间上不同的安排，强化程序的实施方式主要包括立即强化、延缓强化、连续强化、部分强化等。其中，立即强化是指个体表现正确反应后立即提供强化物。延缓强化，又称间歇强化，是指表现正确反应后再过一段时间才提供强化物。实验表明，立即强化的效果要好于延缓强化。连续强化是指每次个体出现正确反应之后均提供强化物。部分强化是指个体出现正确反应之后，仅选择在部分正确反应之后提供强化物。

2. 惩罚

惩罚是指当有机体做出某种反应之后，呈现厌恶刺激或消除愉快刺激，以消除或抑制此类反应的过程。惩罚也相应地分为正惩罚和负惩罚。其中，呈现一个厌恶刺激的方式为正惩罚，也称 I 型惩罚；消除愉快刺激的方式为负惩罚，也称 II 型惩罚。可见，正惩罚和负惩罚的最终目的相同，都是消除或抑制某类反应，只是两种惩罚所采取的方式不同。

值得注意的是，惩罚不等于负强化，不可把两类混淆。两者在目的和方式上均有所不同。惩罚的目的是消除或抑制某类反应，负强化的目的是增加某种反应在将来发生的概率；惩罚的方式是呈现厌恶刺激或消除愉快刺激，而负强化的方式是排除厌恶刺激。

3. 消退

有机体做出以前强化过的反应，如果在这一反应之后不再有强化物相伴，则此类反应将来发生的概率便会降低。

三、社会认知理论

前述的经典性条件作用理论和操作性条件作用理论都排除了个体的思维、态度和价值观等中介概念在人类行为中的作用。美国心理学家班杜拉在坚持行为主义基本原则的基础上，又吸收了认知心理学的概念。他反对人类是被动的接受者、行为是由外界刺激来塑造的观点，认为人类的行为与思维和信息加工有关，从而开创了行为主义理论的新道路，并建立了社会认知（最初被称为社会学习）的理论体系。与以往的行为主义理论偏重外部因素作用不同，社会认知理论强调外部因素与内部因素并重。班杜拉在大量心理实验的基础上提出，人的大多数行为是通过观察学习而习得的。观察学习的实质是个体通过对他人的行为及其强化性结果的观察，从而获得某些新的行为反应，或已有的行为反应得到修正的过程。通过观察别人的行为，人们能够获得榜样行为的符号性表征，并以此为引导，在今后做出和榜样相似的行为。

（一）观察学习的四个阶段

班杜拉把观察学习分为四个阶段，即注意阶段、保持阶段、复制阶段和动机阶段。

1. 注意阶段

在注意阶段（Attention Phase），个体进行观察学习时，必须注意榜样所表现的行为特征，并了解该行为所含的意义；否则，就不能通过模仿形成自己的行为。这就是说，个体进行观察学习时，首先要树立学习的榜样。成为个体注意的榜样一般受三个因素的影响：①比较优秀、地位高、知名度大的对象容易受到别人的注意。②观察者特征的影响，如当时的情绪状态与健康状况。个体在心情不好的时候往往对身边的事物都提不起兴趣，自然不能成为榜样。③被观察者与观察者的关系。如果两者密切程度高，就容易受到极大注意而成为榜样。如有些个体总是选择自己亲近的人作为榜样。

2. 保持阶段

在保持阶段（Retention Phase），个体观察到榜样的行为之后，将观察所见转换为表象与言语两种表征系统，一般保留在记忆中。保持阶段的第一个目的是观察者记住他们从榜样情景中了解的行为，把这些行为以符号的形式储存在自己的记忆中。如果观察者记不住这些行为，就无法进行模仿和学习。保持阶段的另一个目的是能够重新提取出来付诸行动。记忆的形式有两种，即表象和言语。其中，表象是把榜样行为的样子记下来，言语是用语言描述榜样的行为。

3. 复制阶段

在复制阶段（Reproduction Phase），个体对榜样的行为表现观察过后并纳入自己的记忆，之后再就记忆的内容，即将榜样的行为以自己的行动表现出来。这就是观察者复制从榜样情景中观察到的行为。有时我们会有这样的体验：我们能记住榜样的行为，但不一定会模仿所有记住的行为，这可能就是因为我们缺乏复制的能力。例如，也许我们能够一字不落地记住许多小品中的经典对白，但能把这些对白演绎得惟妙惟肖的人却寥寥无几。所以，观察学习还需要把记忆的行为落实在实际行动上。又如，我们可能从古装电视剧中了解到如何使用弓箭，但因为没有机会见到真实的古代弓箭，所以通过学习获得的使用古代弓箭的行为，我们可能永远无法复制出来。所以，在复制阶段，不仅向榜样学到了观念，而且向榜样学到了行为。

4. 动机阶段

在动机阶段（Motivation Phase），个体不仅经由观察模仿从榜样身上学到了行为，而且愿意在适当的时机将所学到的行为表现出来。这是指观察者因表现所观察到的行为而受到激励的过程。我们不仅从榜样身上学习怎么做，还认识到这样做的后果。如果榜样得到奖励，我们会认为自己这样做也将得到同样的奖励。班杜拉认为，观察学习的动机不一定是外部的，也可以是自己给自己的。例如完成自己所设定的目标，我们会有成就感。由此看来，观察者因表现所观察到的行为而受到激励，以后他还会表现出类似的行为。

（二）观察学习的影响因素

班杜拉认为，观察学习主要受两种因素的影响，即对榜样的模仿学习和社会强化。

1. 对榜样的模仿学习

在这种模仿学习过程中，榜样的行为对个体起示范作用。榜样的行为示范主要有五种方式：①行为示范。这是通过榜样的表现传递行为方式，能在潜移默化中产生影响，实际效果较好。如家长的行为被子女模仿，就是一种行为示范。②言语示范。这是通过榜样的言语表述传递行为方式。由于其缺少行为示范，效果较差。小说中的人物描写、教师在课堂上的讲述均属此类。③象征性示范。这是通过电视、电影等大众传播媒介传递榜样的行为方式。这种方式影响面广，既可同时供很多人观察模仿，也可反复进行观察模仿，但缺少真实性。④抽象示范。这是通过榜样的行为事例，传递行为中隐含的原理和规则。如通过宣传英雄人物的先进事迹，教育人们学习英雄行为等。⑤参与性示范。

即学习者在观察榜样的行为后立即付诸行动，然后再观察，再付诸行动。这种把观察和模仿学习过程统一起来的方式，对道德行为习惯的养成是非常有益的。

2. 社会强化

通过观察所习得的行为不一定都会表现出来，是否表现出来，受强化的影响。强化有三种形式：①外部强化，即按照榜样的行为去学习会产生有价值的结果，可获得奖励或免受惩罚。因此，人们倾向展示这一行为。②替代强化，即个体通过观察社会、组织对他人的强化而使自己的行为受到强化，这是人特有的功能。人们常说的"杀一儆百""榜样引领""见贤思齐"等都有替代强化的作用。替代强化的效果主要表现在：通过观察他人行为的结果，可以知道哪些行为会受到社会的认可或反对，促使学习者模仿受到奖赏的行为，抑制受到惩罚的行为；看到榜样的行为结果，会产生如果这样做也会得到同样强化的期待心理；榜样受到奖赏或惩罚而出现的情绪反应，会唤起学习者的情绪反应，并影响其行为的表现。③自我强化，即个体通过自己支配的积极强化物（如良心、收获感、成就感、责任心等）和自己设置的行为评断标准，来自我激励、自我强化。自我强化实质上是指人们能够自发地预测自己行为的结果，并根据这种结果对自己的行为进行评价和调节。

总之，按照社会认知理论，个体的许多社会性行为都是通过观察模仿获得的。因此，在对个体进行心理咨询与治疗时，要积极引导他们学习榜样的行为，并对其积极行为给予及时的强化。

第二节 基于行为主义理论的心理咨询与治疗方法

一、系统脱敏疗法的操作与运用

系统脱敏疗法也称交互抑制法，是美国精神病学家沃尔普（Wolpe）于20世纪50年代创立的。该方法是应用最广和研究最多的行为治疗方法之一，是治疗恐怖症的首选方法。这种方法的基本逻辑就是诱导来访者缓慢地暴露出导致神经症焦虑的情境，并通过身心的放松状态来对抗这种焦虑情绪，从而达到消除神经症焦虑的目的（刘春雷等，2011）。

（一）系统脱敏疗法的基本原理

系统脱敏疗法的基本原理为，人和动物的肌肉放松状态与焦虑情绪状态是一种对抗过程，一种状态的出现会对另一种状态起到抑制作用。例如，人的肌体在全身肌肉都放松的状态下，呼吸、心率、血压、肌电、皮电等生理反应指标都会表现出同焦虑状态下完全相反的变化，这就是交互抑制作用。根据这一原理，在心理治疗时，可以从引起个体较低程度的焦虑或恐怖反应的刺激物开始进行治疗。当某个刺激不会再引起来访者焦虑和恐怖反应时，心理治疗师便可向处于放松状态的来访者呈现另一个比前一个刺激略强一点的刺激。如果一个刺激所引起的焦虑或恐怖状态在来访者所能忍受的范围之内，经过多次反复的呈现，他便不再会对该刺激感到焦虑和恐怖，治疗的目的也就达到了。归纳起来，系统脱敏法的核心思想就是让一个原本可以引起微弱焦虑的刺激，在来访者面前重复暴露；同时，来访者以身心放松进行抵抗，从而使这一刺激失去了引起焦虑的作用。

（二）系统脱敏法的操作步骤

系统脱敏疗法一般包括三个步骤：学习放松技巧、建构焦虑等级和进行脱敏练习。

1. 学习放松技巧

系统脱敏疗法的关键就是让来访者用放松取代焦虑，最后克服焦虑的反应。所以，第一步就是要教会来访者学会放松技巧，通过放松对抗焦虑。放松技巧的主要目的就是通过自我调整训练，由身体放松进而使整个身心放松，使由心理应激而导致的交感神经的兴奋性降低，从而达到消除紧张和疲劳的目的。有研究表明，放松训练能使个体的心率、呼吸率减慢，收缩压下降，脑电波多呈 α 波等，使人们有效应对紧张、焦虑、不安、气愤的情绪或情境，帮助人们恢复体力。放松疗法对于高血压、失眠、头痛、心律失常以及各种心理应激所造成的疾患都有良好的疗效。中国的气功、太极拳，印度的瑜伽，日本的坐禅也能起到类似的疗效。

放松疗法一般使用最多的是渐进性肌肉放松法。该方法是德国心理学家雅各布森（Jacobson）开发出的一种肌肉深层放松技术①。具体操作是，先拉紧肌肉群，然后再松弛肌肉群，包括手臂、脸、颈部、肩、下肢、脚等部位，逐步达到更深层的松弛水平。此方法可使来访者系统地收紧并放松身体的每组主要肌群，学会交替收缩或放松自己的骨骼肌群；同时，能体验到自身肌肉的紧张和松弛的程度，有意识地去感受四肢和躯体的松紧、轻重和冷暖的程度，从而取得放松、安静的效果。肌肉放松法就是一种通过自我调整训练，由身体放松进而导致整个身心放松，以对抗由心理应激而引起交感神经兴奋的紧张反应，从而达到消除紧张和强身祛病目的的行为训练技术。

2. 建构焦虑等级

在来访者达到放松的状态后，心理咨询师与治疗师要做的工作就是引导来访者建构自己的焦虑等级，即要求来访者把引起自己焦虑的事件按程度由轻到重分成若干等级。这一步是实施系统脱敏疗法的必要准备条件。

具体操作如下：

首先，来访者要找出使自己感到焦虑或者恐惧的事件或情境，并列举出来。

其次，来访者自己主观评估对每件事感到焦虑或恐惧的程度。一般是让来访者给每个事件或情境判评一个焦虑分数，其中，最小的焦虑程度是 0，最大的焦虑程度是 100。这样，就构成了一个焦虑等级表：0 分代表完全放松或心情平静，25 分代表轻度焦虑或恐惧，50 分代表中度焦虑或恐惧，75 分代表高度焦虑或恐惧，100 分代表极度焦虑或恐惧。

最后，要求来访者在报告引起焦虑或恐怖的事件或情境后，将这些事件或情境按焦虑或恐怖等级程度从小到大依次排序，即按引起最小的焦虑或恐惧到引起最大的焦虑或恐惧的顺序排列。以考试焦虑为例，有一位来访者考前一周的焦虑自评分数为 20 分，考前一晚的焦虑自评分数为 30 分，进入考场的焦虑自评分数为 50 分，发卷子时的焦虑自评分数为 70 分，拿到卷子的焦虑自评分数为 80 分。

一般来说，理想的焦虑等级建构应当使各等级之间级差均匀，是一个循序渐进的系列层次。尤其需要注意的是，每一级刺激因素引起的焦虑，应小到能被全身松弛所抵抗的程度，这是系统脱敏治疗成败的关键之一。当然，这一等级的刺

---

① ［美］杰拉尔德·科里. 心理咨询与治疗的理论及实践（第八版）［M］. 谭晨，译. 北京：中国轻工业出版社，2010.

激定量能否恰到好处，能否保证各等级之间的级差比较均匀，主要取决于来访者本人。来访者闭上眼睛就可以想象出各种刺激画面，画面要具体、清晰，并且置身其中能出现相应的情绪变化。当然，如果有实际的刺激物则更好，来访者就不必闭目想象，直接注视刺激物并进行体验更好。

3. 进行脱敏练习

来访者基本掌握放松技巧后，就可以按照设计的焦虑等级表，由小到大开始逐级脱敏，进行脱敏训练。脱敏训练的主要逻辑就是把放松和焦虑事件或情境互相结合起来，如此不断地反复；从低级到高级，逐渐到最严重的焦虑事件，然后再放松；最终达到对所有焦虑事件或情境系统脱敏的目的。

具体操作如下：

第一，让来访者进入引起焦虑的情景，引起焦虑反应。

第二，让来访者想象最低等级的刺激事件或情境，当他确实感到有些焦虑紧张时，令其停止想象；同时，做放松练习，逐渐放松。

第三，待来访者平静后，心理咨询师要询问来访者有多少焦虑分数。如果分数超过 25 分，就需要继续放松，重复上述步骤。反复次数不限，直至来访者如此想象不再感到紧张焦虑，此时算最低等级脱敏。

第四，心理咨询师让来访者想象比最低等级更高一等级的刺激事件或情境。然后，引导来访者全身放松，反复多次，直至想象这一等级的刺激事件或情境不再感到焦虑紧张。

第五，如此逐级而上，直到求助者对最高等级的刺激脱敏为止；同时，要求来访者在现实生活中还要不断练习，以便巩固疗效。

以考试焦虑为例，一般来访者按照这样的顺序系统脱敏：想象自己正处于复习迎考前一周→想象明天就要考试了→想象自己进入了考场→想象主考官发卷子了→想象自己拿到了考试卷。以恐惧蛇为例，来访者可以按照这样的顺序系统脱敏：想象蛇的图片→想象蛇的模型→想象蛇的玩具→看真蛇→用手摸真蛇。

（三）系统脱敏疗法咨询与治疗的个案分析

案主：小虹，女，21 岁。小虹来自北方某个县城，三年前以优异成绩考入重点大学。在大学二年级上学期，小虹因为疏忽大意，掉以轻心，期末考试有一门功课不及格。从此，她对考试感到紧张、焦虑，每次期末考试临近时便开始坐立不安，全身发抖。她觉得无法接受，认为接下去会有第二门、第三门功课不及格。虽然每次考试前都会很积极地复习功课，每次考试也都考得不错，但仍然一到考试就紧张，一听要考试了便觉得惴惴不安。总是担心自己在考试时会出问题，强迫自己抓紧时间看书、复习，课间不敢休息太久，虽然这样，但是效率并不高。从此每次到期末考试，她总是提前写申请报告，要求缓考。但是，过了假期要面对考试时，小虹仍然感到提心吊胆。现在都到大三下学期了，她本来打算好好学习，考个"985"或"211"的研究生，但是，现在快要到期末考试了，她仍然一想到考试就害怕、紧张。小虹也尝试过深呼吸放松法，但效果不大，只好走进了大学生心理健康中心的心理访谈室。

大学生心理健康中心的心理咨询师对小虹给予了充分的理解和共情，并建立了良好的关系。心理咨询师给小虹讲解了系统脱敏法的一些原理及大致方法，征得小虹同意后，决定对她采用系统脱敏法进行咨询与治疗。

第一步，心理咨询师教小虹放松的方法。让她以最舒服的姿势坐好，然后按照从头到脚的顺序逐渐放松。开始时让肌肉紧张，之后放松，全身部位都紧张、放松之后。小虹做放松的时候，咨询师在旁边指导，直至她能掌握要领。

第二步，咨询师要求小虹列出所有与考试有关的能引起她焦虑的事情，并写在一张纸上；同时，还要求她对每件事按照引起焦虑的程度给予 0~100 分的焦虑等级划分，并按焦虑等级以从小到大的顺序排列这些事件。经过回忆与思考，小虹按顺序列出了以下几件事情：①看到学校教务处发布关于期末考试时间、地点、科目的通知（10 分）；②考试前几天科任老师提醒要期末考试（20 分）；③考试前一夜想考试的事（30 分）；④走在去考场的路上（40 分）；⑤考完后等待成绩（50 分）；⑥走进考场，并坐下（60 分）；⑦坐在考场中，等待老师发试卷（70 分）；⑧拿到试卷后，浏览全部考题时（80 分）；⑨做题时听到其他同学快速写字的声音（90 分）。

第三步，心理咨询师引导小虹进入分级系统脱敏。首先，让其进入放松状态，然后咨询师模拟一个情境：快到期末考试了，小虹的手机在班级微信群里收到了学院转发的教务处的一则通知，通知内容为关于期末考试的事宜。咨询师让小虹对这一情境进行想象，时长 30 秒左右。当小虹感到紧张时，心理咨询师提醒她放松，然后继续这一情景的想象。如此反复，直至她在想象这一级焦虑情景时不再感到紧张。接下来，按照上述步骤，再进行下一级（考试前几天科任老师提醒要期末考试）的焦虑情景脱敏。在放松的同时，每次就进行一个情景的想象，保证每个情景在想象时能忍受 1 个小时左右不感到紧张。等到最高等级的焦虑情景脱敏训练完之后，小虹的考试焦虑症已经明显得到好转。此时，下一周将要进行真正的期末考试，教务处已发了通知，科任老师也提醒了，小虹说她不再像以前感到那么紧张焦虑了。看来，咨询师运用系统脱敏疗法治疗小虹的考试焦虑症初显成效。

二、强化疗法的操作与运用

强化疗法又称操作条件疗法，是指系统地运用强化手段增进某些适应性行为，以减弱或消除某些不适应行为的咨询与治疗方法。

（一）强化疗法的具体方法

常用的强化疗法主要包括行为塑造法、奖励强化法、模仿学习法、角色扮演法等。

1. 行为塑造法

行为塑造法是行为治疗中最常用的方法之一，即通过强化的手段矫正人的行为，使其逐步接近某种适应性行为模式。在塑造过程中，采用正强化手段，一旦所需行为出现，立即给予强化。

（1）操作步骤。行为塑造法一般按以下几个步骤操作。

第一步，心理咨询师与治疗师帮助来访者确立目标行为。目标行为也就是行为塑造的目标。目标行为可能是新行为，是需要来访者学习的行为。当然，目标行为也有可能是来访者过去做过的行为，但是现在可能忘记或不知道如何去做，需要来访者重新学习。不过，比起新行为，重新学习应该难度更低。

第二步，分析初始行为。初始行为也就是来访者行为塑造的起始状态。心理咨询师与治疗师要分析初始行为与目标行为之间的差距、有什么关联、中间可能存在的困难或障碍有哪些、选择用什么方法塑造等。

第三步，行为塑造的正式实施。目标行为不能一蹴而就，需要分为多个步骤，即把总的目标分解为各个阶段的子目标，子目标完成了，总的目标也就实现了，也就是所谓瓜熟蒂落、水到渠成。这里，各阶段的子目标并不是平行目标，而是呈一种递进的关系。在塑造过程中，来访者在进行下一个子目标之前，一定要掌握上一阶段的子目标。也就是说，要确保每个阶段的子目标比前一阶段的子目标更靠近目标行为，从而使行为塑造过程中每一阶段行为向目标行为连续趋近。同时，每次所选择的塑造阶段都要包含合理的预期，即该阶段行为一旦被来访者掌握，将有助于下一阶段行为的实现。

第四步，提供适当的强化物。在来访者完成每一阶段行为的子目标后，心理咨询师与治疗师都要提供相应的强化物，如各种类型的小礼物、礼品，或者表扬、赞扬等。这里要强调的是，对各个连续趋近的子目标行为进行差别强化，即各个子目标行为的难度有所差异，其强化物也要体现出差异。另外，对每个子目标的行为都要加以强化，等到下一个子目标行为出现时，则停止前一个子目标行为的强化，再对后一个子目标行为开始强化。最终达到总的目标行为，并同样对总的目标行为也进行强化。

（2）注意事项。使用行为塑造法需要注意以下事项。

其一，在行为塑造方法的应用中，各级目标的制定一定要适当。也就是说，目标既不要过高，也不要过低。如目标制定得过高，来访者难以实现，则容易产生挫败感；如目标制定得过低，来访者太容易实现，则不能使来访者产生成就感。所以，各级目标在实施的过程中应该具有一定的灵活性。如发现目标定高了，来访者难以实现，就需要临时做一些调整，把标准降下来。也就是说，心理咨询师与治疗师需要不断地改变中间过程的行为子目标，使其接近最终的行为总目标。如果一个阶段行为子目标经过反复强化，仍然不能通过标准，就应该考虑适当地降低或修改这个子目标。

其二，要注意塑造来访者有利于出现各级子目标行为的环境。在心理咨询与治疗的过程中，心理咨询师与治疗师要创造良好的环境与气氛，以此帮助来访者一步步接近总的目标行为。例如，可以根据各阶段行为塑造的实际情况，适当改变环境的条件，以便帮助来访者最大限度地做出被期望的行为反应。又如，心理咨询师与治疗师在行为塑造的过程中可以适当地重复使用体态、手势等身体语言进行指导，以引起来访者的兴趣，吸引其无意注意，同时也可以传递更多的信息。

其三，关于强化的实施要注意充分利用各种强化与反应类型、持续时间等变量。已有研究表明，那些被部分强化的行为比连续得到强化的行为更难以消退。因此，在新行为塑造过程的后期，可根据来访者的情况适当减少强化的次数或延长强化的时间，以便提高来访者塑造行为的自觉性和主动性。当然，也要考虑到来访者并非所有的行为都需要强化。因此，心理咨询师与治疗师要提前预估来访者哪些行为需要强化、哪些行为不需要强化。对于那些不需要强化的行为，则无须提供强化物，否则可能是画蛇添足。

其四，行为塑造法的运用也是一个系统工程，不仅要求心理咨询师与治疗师科学的设计与指导、来访者的积极配合与参与，还需要心理咨询师与治疗师、来访者及其家属之间的密切配合。如来访者家属也可以根据其在各阶段行为目标塑造的具体情况给予配合，给予来访者一些鼓励与强化等。如果被期望的反应涉及其他人员如家属在场，在进行行为塑造时争取让家属也在场。只有这样，才能使来访者不断接近或朝着最终目标的变化得到及时而又适当的强化，并使其行为越来越接近最终的行为目标。

2. 奖励强化法

（1）基本含义。奖励强化法又称代币疗法、代币管制法，也是一种利用强化原理促进来访者更多适应性行为出现的方法。该方法就是通过某种奖励系统，当来访者出现某种预期的良好行为表现时，立刻给予奖励，使该种行为得以强化，从而使来访者所表现的良好行为得以形成和巩固，同时使其不良行为得以消退。这里的奖励物都是有形的物质，形式多样，如小红旗、小五星、小铁牌、小票券、筹码、带有分值的小卡片等，也称为代币。这些奖励物在一定范围内可以兑换来访者所需的物品，起到强化来访者期望行为的作用。

（2）操作步骤。使用奖励强化法可以按如下步骤操作。

第一步，确定来访者所要改变的目标行为。心理咨询师与治疗师在该方法实施时首先要和来访者进行充分的访谈与沟通，了解来访者需要改变的目标行为是什么，并对此达成共识。

第二步，确定奖励物或代币的类型。奖励物或代币的类型有很多，但采用何种类型，需要心理咨询师与来访者之间达成共识。

第三步，确定支持奖励物或代币的强化物。也就是说，来访者能够用奖励物或代币换得什么东西，如食物、水果或参加某种有趣的活动等。当然，这些东西或活动都应该是来访者感兴趣的和想要得到的，否则起不到激励的作用。同时，这也需要心理咨询师与来访者双方认可。

第四步，制定奖励物或代币的兑换规则。这些兑换规则主要包括来访者完成哪些目标行为才可以获得奖励物或代币、完成多少目标行为可以获得多少奖励物或代币、获得奖励物或代币的时间与方式、获得某种强化物需要支付多少奖励物或代币等。

3. 模仿学习法

（1）模仿学习法的含义与原理。模仿学习法通过让来访者观察并学习他人的行为，从而获得新的行为。通过此法，可以帮助来访者改正一些不良的行为，获得一些良好的行为。模仿学习的原理主要是班杜拉的社会认知学习理论。该理论强调社会因素对人类行为和认知的重要影响。其主要观点包括：人类的行为和认知受到社会环境、文化背景、人际关系等多种因素的影响；在学习过程中，人们通过与他人的互动和观察，逐渐形成对特定情境的认知和行为模式。① 中国古语云："近朱者赤，近墨者黑。"意思是说，接近好人可以使人变好，接近坏人可以使人变坏，这也是强调客观环境对人的行为有很大影响。另外，中国古代"孟母三迁"的故事也符合社会认知学习理论。

（2）模仿学习的类型。关于模仿学习的类型有很多，根据不同的划分标准有不同的分类。

首先，根据榜样的来源，可以把模仿学习分为三种，即观察生活中榜样的模仿学习、观察电影或电视录像中榜样的模仿学习、想象榜样的模仿学习。

观察生活中榜样的模仿学习的榜样主要来源于来访者日常生活中的一些优秀人员。如对于大学生而言，可以是他的父母、老师、同学或同伴等，当然也可以是心理咨询师与治疗师。在系统脱敏法的咨询与治疗过程中，心理咨询师与治疗师就可以充当这个榜样的作用。他们可以给来访者示范一些动作，让来访者跟着自己做。如有的来访者对猫、狗等一些小动物感到恐惧，心理咨询师与治疗师就可以在来访者面前示范摸猫或狗的玩具，以减轻来访者的恐惧。

对于有些榜样，心理咨询师与治疗师不便于直接示范，或者需要更多的角色加以配合，这时就可以呈现电影或电视录像中的榜样供来访者模仿学习。如对于社交有障碍的来访者，心理咨询师与治疗师常常引导他们看一些有关社交的录像。在心理咨询师与治疗师的帮助下，来访者注意观察录像中他人在交往过程中怎样说、怎样做。

另外，还有些行为在日常生活或电影、电视中难以看到，这时只能让来访者

---

① ［美］安妮塔·伍德沃克. 伍德沃克教育心理学（第十一版）［M］. 伍新春，改编. 北京：中国人民大学出版社，2013.

想象榜样的行为加以模仿学习。不过，为了让来访者想象的榜样行为更加逼真，心理咨询师与治疗师需要给来访者提供某种虚拟的情境，在这个情境中还要有能够供来访者模仿学习的榜样，引导来访者进行想象，并模仿学习。这时，心理咨询师与治疗师所扮演的角色类似编剧与导演。

其次，根据模仿学习中来访者参与的状态划分，模仿学习又可以分为主动模仿学习和被动模仿学习。在主动模仿学习中，来访者不仅会观察榜样的行为，还会进行模仿。如心理咨询师与治疗师在来访者面前示范触摸玩具后，也让来访者触摸。在被动模仿学习中，来访者仅观察榜样的行为，不进行模仿。如心理咨询师与治疗师在来访者面前示范触摸玩具后，来访者不跟着触摸玩具。一般来说，主动模仿学习的效果要好于被动模仿学习，所以心理咨询师与治疗师要尽可能地让来访者参与其中。

4. 角色扮演法

（1）基本含义与重要意义。角色扮演法是指在心理咨询师与治疗师的指导下，来访者扮演一些与自身问题有关的人物角色，以便改变自己对一些人或事物的看法，进而从中学习与改变一些旧的行为方式，或是学习新的行为方式。对于来访者来说，角色扮演是对现实生活的重复，或是对未来生活的一种预演。

在心理咨询与治疗的实践过程中，角色扮演具有重要的意义。首先，它能增强来访者的共情能力。来访者通过扮演不同的人物角色，可以体验到不同角色的情感经历，从而更好地理解他人的感受和需求。其次，通过角色扮演，来访者可以展现相应的行为特点和内心感受，进而增进自我认识，提升心理免疫力，促进个人成长和发展。最后，角色扮演作为一种心理咨询与治疗的方法，行为模仿、想象、创造、感受、体验、思考与讨论，有助于解决来访者的心理与行为问题。

（2）操作步骤。角色扮演法常常按照以下步骤操作实施。

第一步，心理咨询师与治疗师提供事例或情境。来访者所扮演的角色不是凭空想象的，也不是抽象的，而是在一定的事例或情境中出现的角色。所以，心理咨询师与治疗师先要向来访者提供一个具体且典型的事例或情境，然后选择恰当的角色让来访者扮演。

第二步，选择合适的角色。某个具体事例或情境中的角色有很多，心理咨询师与治疗师要选择合适的角色提供给来访者扮演。一般来说，角色的选择有两大标准：一是选择事例或情境的主角，因为主角的个性比较分明，而且情节较为丰富；二是主角应该是优秀人物，具有许多良好品质与行为，值得他人学习与模仿。所以，让来访者扮演具体事例或情境中的主角，获得更多的角色体验，更利于来访者学习良好的行为，消除不良的行为。另外，为配合来访者扮演好具体事例或情境中的主角，心理咨询师与治疗师或其助手常常需要扮演相应的配角。如一位男大学生来访者有社会交往障碍，特别是不知道怎样与异性交往，心理咨询师与治疗师就扮演一位与他交往的异性，配合他完成角色扮演的任务。

第三步，给予及时的信息反馈。在每次角色扮演结束后，心理咨询师与治疗师都要给予来访者必要的信息反馈，并提出改进的建议。如有的来访者在角色扮演过程中表演不够到位，或者言行过于夸张，使人看了之后感到不够真实。这时，心理咨询师与治疗师就要及时给予来访者反馈，指出表演的不足之处，并提出进一步的建设性建议。

第四步，必要时进行角色交换练习。在必要时，来访者还可以扮演多个人物角色，以适应不同的情境，获得多个人物角色的体验。不过，无论在某种具体事例或情境中扮演何种人物角色，都要保证来访者始终扮演主角，且与他个人的心理症状密切相关。也就是说，来访者的角色扮演并不是为了扮演而扮演，而是直接为心理咨询与治疗服务的，这一中心主题不能偏移。

在实际的咨询与治疗实践中，角色扮演法并不是单一使用的方法，它还可以和其他方法结合使用，以便增强效果。如心理咨询师与治疗师可以亲自示范或者让来访者观看录像，从而将模仿学习法和角色扮演法相结合。

（二）应用强化疗法的注意事项

以上我们介绍了强化疗法几种常用的具体方法，在实际的心理咨询与治疗实践中还有许多方法，可以有多种方法的组合应用。不过，在运用强化疗法的具体方法时都应注意以下内容。

1. 保障强化物能起到真正的强化作用

心理咨询师与治疗师在给来访者某种强化物时，要注意这种强化物对来访者的影响。也就是说，提供的强化物要适当，有一定的针对性，要能够起到来访者所希望的强化作用。如小孩做好了一件事情可以糖果为奖赏，但这对于成年人来说显然不适宜。在行为塑造法实施的过程中，当来访者完成某一阶段子目标时，咨询师给予来访者一定的奖赏，如听一首歌、看一场电影，这时就要考虑歌曲或电影的类型或弘扬的价值观。因为同一首歌、同一场电影对有的来访者能起到强化作用，但对有的来访者未必。

2. 强化物的呈现要及时、明确、有针对性

在强化疗法实施的过程中，心理咨询师与治疗师还要保证强化物及时、明确、有针对性地呈现，以便来访者能及时看到自己的进步、缺点与不足，从而激发其纠正不良行为、维持良好行为的动机。强化要尽可能及时，只有及时强化，才能使强化发挥最大作用。对于表扬来访者的事项或指出来访者的不足之处，心理咨询师与治疗师一定要心中有数，且表达要明确。如咨询师对某位来访者说："你这个星期做得不错。"咨询师说这句话的目的是表扬，本意是想对来访者起到强化作用，但这句话的意思含混不清，来访者可能不知道自己什么事情干得不错，是指今天表现得好，还是指昨天。因此，咨询师的表扬一定要明确、具体，否则容易产生歧义，对来访者起不到强化的作用，达不到强化的效果。

3. 根据实际情况，不断调整强化的标准与次数

在强化疗法实施的过程中，心理咨询师与治疗师还要根据实际情况，不断调整强化的标准与次数。为了能使强化物真正起到强化的作用，强化的标准与次数不能是一成不变的。对于正强化而言，强化的标准应逐渐提高，强化的次数应逐渐减少。如行为塑造法各阶段的行为子目标的难度是逐渐上升的，所以为了减少或消除不良的行为、增加适应性行为出现的概率，强化的标准也应该随之提升；否则，难以起到强化作用。另外，当来访者的适应性行为稳定出现时，无须再频繁地给予强化，可逐步减少正强化的次数，或只在其又有进步时才给予强化；否则，效果会适得其反。

（三）强化疗法咨询与治疗的个案分析

案主：小亮，男，21岁。小亮来自南方某农村，在家中排行老二，上面有一个姐姐，父母是地地道道的农民。小亮的性格较为内向，从小就养成了一种习惯，即和人交谈时，总是不注视对方的眼睛，而是看对方背后的事物或者是旁边的东西。遇到熟人还好一些，知道他是这样的人，会给予更多的理解与谅解；但遇到陌生人就有些麻烦，别人就不太理解，认为他不太尊重人，看不起他人，往往和他交谈几句就走了。现在下学期就要升入大学四年级了，面临就业问题，他知道这样不容易找到工作，难以适应社会，所以感到比较焦虑、烦恼与紧张。在室友的鼓励与劝说下，经过激烈的思想斗争，他终于鼓起勇气走进了大学生心理健康中心的心理咨询室，在这里，他也是这样，面部表情不太自然、紧张，说话

声音低沉，说话时眼睛不和咨询师对视，总是看向地面、墙壁或其他地方。

大学生心理健康中心的咨询师通过与小亮进行深入面谈，表达了充分的理解和共情，征得小亮的同意后，咨询师准备采用强化疗法中的行为塑造法改善小亮的行为。具体的操作步骤如下：

第一步，确立目标行为。通过和小亮协商，确定了本次咨询与治疗的目标行为是与人交流时眼睛直视对方，面带微笑、用正常的音量说话等。

第二步，分析初始行为。咨询师认为，目前小亮的心理基本正常，主要是小时候养成的不良习惯影响了他心理的稳定性。他与咨询师的初次交往还算顺利，在咨询师不断要求下，其目标行为虽然时常会间断或偶尔中断，但能有一定程度的体现。总体来说，小亮改善不良行为的难度不是太大。

第三步，分解总的目标行为，正式实施行为塑造。咨询师按照计划，将总的目标行为分为四个阶段的子目标行为，即第一阶段子目标行为是和咨询师交流时眼睛直视咨询师，面带微笑，用正常的音量说话。第二阶段子目标行为是和熟悉的人交流时眼睛直视对方，面带微笑，用正常的音量说话。熟悉的人由小亮本人亲自挑选，即从他熟悉的同学、室友、朋友中挑选男女志愿者各 3 名。第三阶段子目标行为是和陌生的人交流时眼睛直视对方，面带微笑，用正常的音量说话。陌生的人由咨询师挑选。第四阶段子目标行为是在真实的社会场景中，和随机的人交流时眼睛直视对方，面带微笑，用正常的音量说话。以上前三个阶段作为行为塑造的主体部分，都在学校心理咨询室内完成，最后一个阶段为完善部分，是对前三个阶段的进一步拓展与巩固。

第四步，及时向小亮提供适当的强化物。通过访谈，咨询师了解到小亮喜欢听励志的歌曲与电影，所以咨询师就考虑选择这方面的内容作为小亮的强化物。考虑到四个阶段子目标行为的难度有所不同，且呈递进的趋势，其相应的强化物也是逐级提升的。第一阶段子目标行为的强化物为励志的歌曲，即从《我的未来不是梦》《阳光总在风雨后》《爱拼才会赢》《怒放的生命》《飞得更高》《隐形的翅膀》《真心英雄》等 10 首励志类歌曲中随机选择一两首播放。每当有这类歌曲的背景音乐响起时，表示小亮做出了被塑造的行为，将听音乐作为奖励。第二阶段子目标行为的强化物为观看励志的电影，即让小亮从《当幸福来敲门》《阿甘正传》《中国机长》《肖申克的救赎》等 10 部励志类电影中随机选择 1 部观看。第三阶段子目标行为的强化物为咨询师亲自为小亮演唱励志类歌曲。咨询师与小亮说明，自己很少特意为他人演唱歌曲，能亲自听到咨询师的歌声是一件开心的事。第四阶段子目标行为的强化物为小亮的熟人包括同学、室友与朋友集体为小亮演唱励志类歌曲或表演小品。当然，这需要咨询师提前组织他们进行排练。

整个行为塑造的过程前后持续将近6个月，虽然时间较长，但总体来看进行得还算比较顺利。到咨询结束时，小亮对自己与人交往时的表现已经比较满意了。

三、森田疗法的操作与运用

森田疗法是日本心理学家森田正马创立的一种比较有特色的心理疗法。该疗法批判地吸收了西方传统心理咨询与治疗的精华，同时融入了东方传统文化的精髓。其疗法的着眼点在于顺其自然，为所当为，打破精神交互作用，消除思想矛盾（钱铭怡，2016）。该方法在治疗神经质症、强迫症、失眠症、网络游戏成瘾等领域取得了较好的疗效，在心理咨询与治疗实践中具有较为广泛的运用前景与较为深远的理论意义。

（一）森田疗法的基本原理

森田正马认为，来访者表现出的症状完全是他们内心冲突的结果。这种内心冲突的本质是为了避免某些事件引起的心理及生理上的反应而做出的徒劳的挣扎。因为这些反应本来就是不可避免的，而是自然而然的。来访者产生精神冲突、苦恼的根源在于思想矛盾。思想矛盾常常来源于以下两个方面。

一方面，个体的"但愿如此""必须这样"的思想愿望和实际情况相反，因而产生了思想矛盾等。也就是说，思想和事实之间经常存在某种差异。当自身的主观想象、主观愿望与真实的客观事实之间产生差异时，就会出现思想矛盾。

另一方面，有的个体不理解人性的实质。如恐怖、不安、苦恼这些人人都会有的消极情感，其实是一种个体在适应环境变化时必然出现的现象，但有的个体总是想着避免与消除，这是不太现实的。还有的个体总是想着用是非善恶的标准来衡量这类情感或决定自己的取舍，也是不太可能办到的，因而就会出现思想矛盾。

（二）森田疗法的治疗原则

森田疗法的核心思想就是注重来访者的实际行动，把来访者朝向内部的能量转向外部，通过性格陶冶，最终达到消除来访者思想矛盾的目的。基于其核心思想，森田疗法主要包括顺其自然和为所当为两大治疗原则①。

1. 顺其自然的原则

顺其自然的原则主要包括以下内容。

其一，个体要充分认识到，情感活动有自身的规律，是不以人的意志为转移的。个体应该接受自己的情感，不要压抑与排斥它，可以让它自生自灭；并且，通过自己的不断努力，培养积极的情感体验。

其二，认清主观与客观之间的关系，接受事物的客观规律而不要违背。个体面对外界环境时发生的恐惧与不安本是常见的心理现象，是一种必然现象，没有必要刻意注意它，更不要力图铲除它；应该顺其自然，不要把恐惧、不安视为怪异的东西，就可以破除思想矛盾，从精神冲突中解脱出来。反之，把它视为异物而与之抗争，并坚持认为自己就不应有不安、恐惧等现象，就是违背了事物的客观规律。

其三，认清各种心理症状形成与发展的规律，并接受心理症状。一些个体本来无任何身心异常，只是因为将某种原本正常的感觉看成异常的，想排斥和控制这种感觉，同时，使注意固着在这种感觉上，造成注意和感觉相互加强的作用，并形成继发性恶性循环。所以，对于自己的症状个体应该采取接受的态度，不把症状当作心身异物加以排斥，以消除主客观之间的冲突，不把注意力集中在其上，顺其自然，不予理睬。只有这样，才能消除思想矛盾与内心冲突。

2. 为所当为的原则

为所当为的原则主要包括以下内容。

其一，按照生的欲望所表现出的上进心去做自己认为应该做的事情。顺其自然并不是放任自流，只是前提与基础；来访者还要在忍受症状带来痛苦的同时为所当为，即在仍存在症状的情况下，带着情绪的困扰，把注意力和心理能量投向自己生活中有确定意义且能见成效的事情，任凭症状波动起伏。也就是说，来访者要把一直指向内心的精神能量引向外部世界，知道自己该做什么，不该做什么，力争在工作、学习或生活上有所收获。

---

① ［日］森田正马. 神经质的实质与治疗——精神生活的康复［M］. 臧秀智，译. 北京：人民卫生出版社，1992.

其二，实际接触外部世界，陶冶良好性格。个体的行动会影响其性格，行动会造就其性格。上文说的顺其自然原则主张个体将注意由主观世界移向外部世界，关注所做的事情，从而会大大减少指向自己身心内部的精神能量。与外部世界的实际接触又有助于个体清醒地认识到自身症状，促使其内向型性格产生改变。坚持与外界其他的人多接触，还能使个体的恐惧心下降，从而逐步获得自信。另外，在顺其自然的原则指导下的为所当为，有助于个体对其性格的不足部分进行扬弃，使其性格更加完善。这里说的扬弃就是发扬个体性格中的长处，如认真、勤奋、富有责任感等，摒弃其性格中的短处，如自卑、懦弱、胆怯等。

（三）森田疗法咨询与治疗的个案分析

案主：小桃，女，20 岁。小桃来自北方某城市，是独生子女，父母都是体制内职工，从小对小桃的管教十分严格。最近，令小桃比较困扰的事情是睡眠质量比较差，甚至有失眠的现象。一方面的表现是入睡比较困难，她每天晚上从上床躺下到睡着都要花上一两个小时，有时时间甚至更长；另一方面的表现是睡眠很浅，轻微的声音都能将她吵醒，而且一旦醒来，就更难入睡。同寝室的室友共有 6 人，大家来自五湖四海，作息习惯不尽相同。小桃一直喜欢有规律的生活，有早睡早起的习惯，一般是晚上 11 点寝室统一熄灯时就上床入睡，但其他室友大都 12 点多才休息。室友的说话声和脚步声都对小桃的睡眠有一定的影响。另外，小桃对自己的睡眠质量十分在意，如果她觉得晚上没有睡好，那将对学习和生活造成严重的影响。第二天她会感觉到大脑昏昏沉沉，身心疲惫；上课难以集中注意力听讲，记忆力也在减退。为此，小桃感到十分烦恼，在同学的鼓励与劝说下，她终于鼓起勇气走进了大学生心理健康中心的心理咨询室。

小桃的睡眠问题和她的性格特点有一定的关系。她从小在严厉型家庭的环境下长大，形成了过于追求完美的特殊性格特征。她对自己的要求非常严格，不允许自己出现任何差错，即使是细微错误，也不会原谅自己；她每天都要按照预先的计划去做事情，如果计划被打乱，就会心情很糟，接下来不知如何是好。但这并不是小桃睡眠问题的根源。小桃睡眠问题的真正根源在于她过于敏感，过于在意自己的睡眠问题，把自己的注意力过多地指向自身。本来偶尔一两次失眠都很正常，但她将注意力固着于此，从而进一步强化了对失眠的恐惧。她因睡眠质量不好而体验到的疲乏感以及记忆力衰退等在很大程度上带有一定的主观色彩。这恰恰是由于小桃对很自然的身心反应做出徒劳的挣扎与反抗，为之过分地焦虑和苦恼，从而使睡眠问题占据了她整个身心；越是焦虑越难以入睡，越难以入睡越感到焦虑，最后形成了恶性循环，难以自拔。

听了小桃的叙述后，心理咨询师对失眠给小桃带来的痛苦和困扰给予了充分的理解与共情，二人建立了良好的咨访关系，为接下来的咨询与治疗奠定了基础。根据小桃睡眠问题的具体情况与问题根源，心理咨询师考虑采用森田疗法来解决，即让小桃把内部的精神活动能量转向外部世界，打破精神交互作用，从而解决睡眠质量差的问题。

首先，心理咨询师采用顺其自然的原则对小桃的睡眠问题进行干预。咨询师告诉小桃，不要对自己的睡眠问题过于敏感，偶尔失眠都是很自然、正常的事，日常生活中有很多人都曾有失眠的现象。应对睡眠采取顺其自然的态度，能睡多少就睡多少，睡不着就不要强迫自己，也不要胡思乱想，而是该干什么就干什么。一般来说，未成年人每天的睡眠时间要达到 8 小时，但小桃是成年人，只要每天的睡眠时间达到 5~7 小时，就可以使身心得到应有的休息。

其次，心理咨询师采用为所当为的原则对小桃的睡眠问题进行干预。心理咨询师告诉小桃，应该多把注意力和心理能量投向生活中有意义的事情，而不要一味地沉溺于为失眠而痛苦这件事上。心理咨询师鼓励小桃可以毫无保留地投身现实的工作、学习和生活中。如制订具体的生活和学习计划，考取英语四级、六级证书，计算机二级证书以及与专业相关的职业资格证书等；多参加英语角、社团等社交活动，与同学多沟通、交流等；多参加体育锻炼，尽可能使自己的生活变得丰富起来。

经过 5 次心理咨询，一个多月后，小桃的失眠症状得到较大的缓解，与室友的关系也改善了许多，性格也变得更加开朗。可见，森田疗法初显疗效。

课后思考题

1. 行为疗法的基本理论有哪些？
2. 系统脱敏疗法要遵循哪些操作流程？
3. 应用强化疗法有哪些注意事项？

4. 森田疗法的基本原理是什么？

推荐阅读

[1] 雷秀雅，吴宝沛，杨阳，等. 心理咨询与治疗 [M]. 北京：中国人民大学出版社，2023.

[2] 刘春雷，姜淑梅，孙崇勇. 青少年心理咨询与辅导 [M]. 北京：清华大学出版社，2011.

[3] [日] 森田正马. 神经质的实质与治疗——精神生活的康复 [M]. 臧秀智，译. 北京：人民卫生出版社，1992.

[4] 中国就业培训技术指导中心，中国心理卫生协会. 国家职业资格培训教程·心理咨询师（二级）[M]. 北京：民族出版社，2011.

[5] 中国就业培训技术指导中心，中国心理卫生协会. 国家职业资格培训教程·心理咨询师（三级）[M]. 北京：民族出版社，2011.

第六章 人本主义的基本理论及其在心理咨询与治疗实践中的运用

    人本主义心理学兴起于 20 世纪五六十年代的美国。由马斯洛（Maslow）创立，以罗杰斯（Rogers）为代表，是心理学史上继行为主义心理学和精神分析心理学之后兴起的第三思潮。人本主义心理学与其他心理学派最大的不同在于，其特别强调人的正面本质和价值，而非集中研究人的问题行为，并强调人的成长和发展，即自我实现。受人本主义心理学的影响，20 世纪 60 年代诞生了人本主义疗法，主要包括来访者中心疗法、存在主义疗法、完形疗法等。其中，影响最大的是由罗杰斯开创的来访者中心疗法，被公认为是人本主义疗法中的主要代表。

第一节　人本主义的基本理论

    人本主义的基本理论主要包括对人性的假设、关于自我的理论与关于心理失调的理论等。

一、对人性的假设

    人本主义反对精神分析学派与行为学派的人性观。精神分析学派从心理障碍的视角考察人性，把人看作病态的人；行为学派从动物的视角考察人性，把人看作幼稚的人。人本主义对人性持比较乐观的看法，认为应该从健全发展的视角去考察人性，只有这样才能正确把握人的根本属性。人本主义对人性的假设主要包括以下几个方面。

（一）人本质上是好的，有善良之心

人本主义认为，人的本性是善良的、诚实的、可信赖的。这些特性是与生俱来的。人无须控制自己的需要，人天生就有一种基本的动机性的驱动力。每个人都可以作出决定，每个人都有自我实现的倾向。当然，这并不排斥人也具有恶的特性，只不过这些恶的特性并非天性，而是后天出于保护自己免受伤害而产生的。

（二）人具有发展自己的强大潜能

人本主义认为，人类本性中蕴含着无限的潜力，具有向好的、积极的、完善的发展方向，具有发展自己的强大潜能。人具有向上发展和充分运用自身才能、品质与能力的倾向。人在工作中能最大限度地发挥自己的才能，得到满足、快乐和安慰，充分实现自身的价值；人能够做自己认为有意义、有价值的事情，能够发挥自己的禀赋能力。如果能提供适宜的环境，一个人将有能力指导自己的行为、调整自己的行为、控制自己的行动，从而达到良好的主观选择与适应的目的。

（三）人具有主观能动性，是可以信赖的

人能够自主自立，具有主观能动性，是可以信任的。每个人都有一种充分实现自身各种潜能的趋势，这种积极的倾向，使人具有引导、调整、控制自己的能力，所以人是完全可以信赖的。心理治疗的关键是治疗师对来访者的尊重和信任，以及建立一种有助于来访者发挥个人潜能、促进自我改变的合作关系。因此，来访者中心疗法正是基于人的主观能动性，为每个来访者保存了他们的主观世界存在的余地。

二、关于自我的理论

人本主义关于自我的理论本质上是一种人格理论，强调自我实现是人格结构中的唯一动机。该理论的核心思想主要包括经验、自我概念与价值的条件化等重要概念及其关系。

（一）经验

"经验"在罗杰斯的自我理论中是一个很重要的概念。这里所说的经验和哲学上以及人们日常生活中所理解的经验含义不尽相同。在哲学上，经验是指人们在同客观事物直接接触的过程中，通过感觉器官获得的关于客观事物的现象和外部联系的认识。在日常生活中，经验是指人们对感性经验所进行的概括总结，或指直接接触客观事物的过程。罗杰斯关于经验的概念源于现象学中的"现象场"（Phenomenal Field）。所谓现象场是指人的主观世界，它不强调外部客观世界是什么样的，而是强调一个人的主观内部世界是如何观察、如何感受外部世界的。每个个体都有自己独特的现象场，如不同个体对于同一时刻的外部世界，其感受是不一样的。

在人本主义理论中，经验其实是指一种主观经验，即来访者在某一时刻所具有的主观精神世界，它既包括有意识的心理内容，也包括还没有意识到的心理内容。如个体的认知和情感事件，它们能够被个体发觉，或在某一时刻，个体感觉到饥饿，就属于这里说的经验。当然，经验也包括个体未曾意识到的事件。例如，在某一时刻，有人沉迷在工作中，废寝忘食。这里说的没有被意识到的心理内容也属于经验的范畴。在人本主义理论中，经验对个体自我的形成与发展以及心理适应等都具有深远影响。

（二）自我概念

自我概念（Self-Conception）在人本主义关于自我的理论中也具有重要的地位。自我概念是在自我发展的过程中，个体在与环境相互作用，以及和他人的相互交往作用中逐渐形成的。根据人本主义理论，自我概念包括对自己身份、自我能力、人际关系、自己与环境的关系以及人的价值标准的认识等。这里自我概念不等同于自我。自我是指来访者真实的本体，而自我概念主要是指来访者如何看待自己，是对自己总体的知觉和认识，是自我知觉和自我评价的统一体。如一个人认为自己比较胖，强烈要求减肥，这是其自我概念，是其对自己身体的认识。自我概念也可以看作一种主观体验，它与实际情况有时并不相符。如一位大学生本来在众人面前言语表达得非常流畅，但其自我概念却认为个人语言表达能力比较差。

罗杰斯认为，自我概念是由大量的自我经验和体验堆积而成的，个体的行为是由其自我概念决定的。也就是说，个体的自我概念决定了其接受与处理经验的方式与态度。如果个体的自我概念正确即与实际情况相符，那么其人格就能正常发展；反之，如果个体的自我概念扭曲或不正确，就有可能导致其心理上的混乱，从而出现各种心理异常现象，如焦虑、抑郁、罪恶感和精神错乱等。所以，以来访者为中心的心理治疗的关键之处在于通过建立良好的治疗关系，减轻患者内心的压力，纠正个体被扭曲的自我概念，使其自我概念与实际情况一致，从而达到心理治疗的目的。

（三）价值的条件化

罗杰斯认为，个体在生命早期就存在对来自他人的积极评价的需要，即关怀和尊重的需要。儿童在寻求积极性尊重的过程中，会慢慢地明白有些事情是可以做的，有些事情则不可以做。一般来说，大多数父母总是表扬孩子好的行为，对好的行为给予积极性尊重；而对于不好的行为，不给予积极性尊重。这样，孩子就会知道得到父母的积极性尊重是有条件的，这就是价值的条件（Conditions of Worth）。儿童通过反复体验这些价值的条件，把它们加以内化，从而变成自我的一部分。

一般来说，个体具有两种价值评价过程：一种是个体对自身的评价过程，另一种是价值的条件化过程。人本主义理论认为，价值的条件化建立在他人评价的基础上，而不是建立在个体对自身评价的基础上。个体在成长的过程中，诸如赞赏、关怀与尊重等需要的满足常常源自他人，而非自己。然而，在实际生活中，个体所获得的这些有条件的满足常常与其自身的体验相矛盾。如一个孩子摔碎一个玻璃杯，其体验是，这很好玩、很快乐、很新奇；但父母的评价却是负性的、消极的，父母往往认为，这样做不好且很危险。于是，这个孩子在以后的行为中，就会把父母对这种不满的行为作为一种价值条件。为了获得父母正性的、积极的评价，其不再做类似的事情。久而久之，其就会把父母的价值观念内化，从而把这些观念内化为自我概念的一部分。一旦孩子把父母的价值观念当作自己的自我概念时，其行为就不再受自身评价过程的指导，而是受内化了的他人的价值规范的指导，这个过程就是价值的条件化过程（钱铭怡，2016）。

三、关于心理失调的理论

人本主义理论比较强调自我概念对个体心理与行为的影响，并借助自我概念来解释心理失调的现象。该理论认为，自我概念是了解心理失调的关键；人的自我概念，特别是某些重要的自我概念是理解心理失调状况产生的关键因素。正是基于自我概念，个体才有了关于他们自己的知觉和认识。有效的自我概念允许人们真实地感知其经验或体验，无论这种经验是来自有机体内部，还是来自外部环境。

（一）心理失调的根本原因

人本主义理论认为，自我概念与个体经验、体验之间并不总是协调、一致的，当两者不一致或互相矛盾时，就容易导致个体的心理失调。根据个体自我概念对自身感觉与经验的知觉程度，个体可以分为高适应者与低适应者。其中，高适应者能知觉到更多的自身感觉与经验，他们可以在掌握大量现实信息的基础上与他人进行交往，与环境发生作用。所以，高适应者即使出现自我概念与其经验、体验不协调、不一致的情况，他们也有更多的防御机制，能成功地控制住局面。而低适应者知觉到的自身感觉与经验较少，他们的自我概念实现过程很少基于自身的评价过程，与他人交往以及与环境发生作用均较少。并且，低适应者的自我概念还常常阻碍他们对自身感觉与本体经验准确的知觉。这样，低适应者一旦出现自我概念与其经验、体验在某一领域不协调的情况，当其自我概念因受到威胁而产生恐惧时，其会否认或歪曲自身的经验或体验，心理防御功能就可能失灵，不容易控制住局面。当经验、体验与自我的不一致被个体意识到、知觉到时，低适应者就会感到焦虑、内心紊乱，甚至可能出现精神崩溃的状况。

（二）心理失调的治疗思路

从人本主义理论关于心理失调产生的根本原因来看，心理失调治疗的主要思路在于重建来访者自我概念与自身经验、体验之间的和谐，也可以认为是重建来访者的人格。

一般来说，自我概念与自我经验不一致的主要根源在于，自我概念受到了外部文化因素的影响，个体把他人的价值观内化为自己的价值标准。许多心理失调的产生，都是因为外部环境出现了问题，使个人自我实现受阻，个人成长出现了障碍。在影响自我实现的诸多因素中，最重要的因素是人际关系。个人成长中的重要他人或社会规范通过价值的条件化，形成了与自己原来真实经验不一致的自我概念，并由此衍生出符合他人的需要，适应环境的一套生活、思想、行动和体验的方式，使这个人生活得越来越不像自己，仿佛戴着面具一般。

罗杰斯认为，每个人都存在自我实现的倾向，都有一种积极成长的取向；个体内部蕴藏着自我实现倾向的强大推动力，具有积极的成长力量，个体有能力引导、调整和控制自己，个体是能够发现自我概念中的问题的，他们会评价自我经验对自我实现的作用，不断地使自我概念适应新的经验。正是基于这种认识，罗杰斯提出了来访者中心疗法，也就是在心理咨询与治疗过程中，治疗师要为来访者创造一个了解其自身的气氛和环境，减轻其面对自我概念与自我经验不一致时的焦虑与内心失调感；同时，帮助来访者去掉价值的条件化作用，充分利用自身的评价过程，使其能够接近自身原来的真实经验和体验，不再信任他人的评价，而是更多地信任自己。这样，来访者就可以活得真实，达到自我概念与其经验、体验之间的和谐、一致，也就会从面具背后走出来，成为真正的自己。由此可见，来访者中心疗法就是以来访者为主导的治疗方法，而治疗师的作用并不占主导地位。

第二节　基于人本主义理论的心理咨询与治疗方法

基于人本主义理论的心理咨询与治疗方法主要强调心理咨询师与治疗师和来访者之间的关系的重要性，心理咨询师与治疗师应尽可能地积极倾听，做出情感反应和澄清。也就是说，心理咨询师与治疗师的态度第一，技术次之。来访者中心疗法是基于人本主义理论的代表性疗法，它更注重提供咨询的理念而非方法。它的咨询方法和技术虽然没有前面所介绍的精神分析疗法、行为疗法那样明确且具体，但它更强调咨询态度的重要性，认为融洽的咨询与治疗关系是咨询与治疗获得进展的决定性因素。其实，咨询师的态度与技术两者之间的关系十分密切，可以说是你中有我，我中有你；在咨询与治疗的实践中，两者还不能截然划分开。

一、人本主义疗法的基本技术

人本主义疗法中常用的基本技术包括积极关注技术、倾听技术、共情技术、询问技术等。

（一）积极关注技术

1. 积极关注技术的内涵

积极关注是指心理咨询师与治疗师向来访者表达深入而真实的关怀，尊重来访者的个体价值、自我决定，一切为了来访者的利益，且这种关怀应该是无条件的。积极关注的内容比较广泛，如来访者在心理咨询与治疗中的积极表现、自我现象、言谈举止、点滴进步、优点与长处、过去取得的成绩、价值观、情感与积极的人生态度等。当然，这种积极关注也是有选择性的，即主要对来访者言语和行为的积极面予以关注与鼓励，对那些消极面不给予积极的关注。另外，心理咨询师只是对来访者的各种积极表现给予关注与鼓励，注意自身所处的社会角色，而不对来访者的感受、思想与行为进行评估或判断。

心理咨询师对来访者给予积极关注的前提与基础是要持有以下基本观点：①人是可以改变的，每个人都有这样或那样的长处和优点，都拥有自身的潜力，都存在一种积极向上的成长动力。②每个人通过自己的努力，在外界的帮助之下，都可以过得比现在更好。③每个人都是需要鼓励和肯定的，尤其是对那些不自信、不踏实、情绪低落的来访者而言意义更大。所以，心理咨询师与治疗师应该多关注来访者的积极面。

2. 积极关注技术使用的具体场合

心理咨询师与治疗师应将积极关注贯穿整个咨询与治疗的过程，使用的具体场合如下。

（1）对来访者在咨询中的表现给予积极关注。首先，心理咨询师要关注来访者在咨询中的各种表现，并根据具体情况给予相应的鼓励。如来访者在咨询中表现出坦然、积极配合的态度，则需要给予关注与鼓励。

（2）对来访者的优点给予积极关注。心理咨询师应善于挖掘来访者身上的闪光点，对来访者身上的某些优点予以关注与鼓励；同时，还要关注来访者的潜力和价值，特别是当来访者自己都不太肯定的时候，这种鼓励就更有价值。另外，咨询师还要经常提醒来访者多关注自己的光明面，始终保持乐观、积极的态度。

（3）对来访者所取得的进步给予积极关注。心理咨询师对于来访者在咨询与治疗的过程中所取得的点滴进步也要给予关注与鼓励，从而促使来访者取得更大的进步。只有促进来访者自我发现与开发潜能，才能达到心理健康的全面发展，这也是心理咨询与治疗的最高目标。

（4）对来访者以前的成绩与表现给予积极关注。在心理咨询与治疗的过程中，咨询师还可以对来访者以前所取得的各种成绩及其积极表现予以关注与鼓励。其目的是帮助来访者更好地认识自己，增强改变自己不良情绪与行为的信心。

3. 使用积极关注技术的注意事项

为了有效地使用积极关注，应当注意以下几点。

（1）要有真诚的态度。心理咨询师与治疗师在使用积极关注技术的过程中首先要有真诚的态度。所谓真诚的态度是指心理咨询师与治疗师在咨询与治疗的整个过程中都要做到言行一致，要真诚、坦白、开放地对待来访者；始终表现出真实的自己，没有虚伪的言行，让来访者了解到咨询师也是一个普通人，并非刻意扮演某一特殊角色。罗杰斯认为，真诚的主要作用就是能使来访者对心理咨询与咨询师产生足够的信任，有了这种信任才能使咨询与治疗过程顺利进行（刘晓明等，2009）。只有建立在真诚基础上的积极关注才会得到来访者的信任。在这种真诚的人与人的关系中，心理咨询师与治疗师能坦白地与来访者分享自己的感受，甚至包括负面的感受，达到经验的交流和共享。当然，积极关注时做到态度真诚也是心理咨询师与治疗师应该掌握的基本功之一。心理咨询师与治疗师可以通过自身的潜心修养和不断实践，进一步表现出高层次的真诚，以便不断提升自己的咨询与治疗的效果。

（2）要实事求是。心理咨询师与治疗师在使用积极关注技术的过程中还要做到实事求是。这里的实事求是是指心理咨询师与治疗师的积极关注应该建立在来访者客观实际的基础上，既不能过于夸大、盲目乐观，也不能过于消极。一般来说，心理咨询师与治疗师不应该泛泛而谈，而应针对来访者的实际问题，客观地分析其现有的不足，同时帮助分析其拥有的资源。心理咨询师与治疗师的工作就是把来访者的观点从只注意失败面转至客观分析形势，并立足于自己的长处和可用的资源上。如有的心理咨询师与治疗师片面理解积极关注的含义，表现出对来访者的过分乐观，这就容易淡化来访者的问题，同时也显示出对来访者缺乏共情；有的心理咨询师则走向另一种极端，即夸大来访者所面临的困难，把处境看得过于糟糕。这种做法与态度背离了心理咨询的初衷，会使来访者变得越来越消极、沮丧、困惑，甚至绝望。心理咨询的本质是给人以支持、鼓励和帮助，促使来访者在困境中崛起，消除迷茫，减轻或消除痛苦。心理咨询师与治疗师应始终立足于给人以光明、希望和力量，这就是积极关注的实质。

（3）要避免迎合来访者。心理咨询师与治疗师在使用积极关注技术的过程中还要注意分寸与场合，不要滥用，要有一定的原则，避免故意迎合来访者的一些表现。有的来访者为了获得咨询师的好感和赞扬，故意做一些改变。像这种情况，心理咨询师与治疗师就要注意辨别，不能给予肯定与赞扬，因为这样的改变只是暂时的，并不是长期的；而且，这样的进步不一定是真正意义上的进步。还有的来访者在人际交往方面存在不足，不敢去面对各种社交场合，于是总是以忙碌为借口来掩盖自己想要逃避、不愿意面对的问题。像这种情况，心理咨询师与治疗师也不应该给予关注和鼓励，而是要在适当的时机指出来，督促来访者敢于面对自己存在的问题，不要逃避。

（4）要有针对性。在使用积极关注技术的过程中，心理咨询师与治疗师还要注意给予的关注一定是来访者需要的。如果来访者不需要，就不用给予积极关注，否则会产生画蛇添足的后果。一方面，心理咨询师要分析来访者存在问题的症状、本质、根源等，能够对症下药。如果来访者在这些问题上确实有进步，即使是微小的进步，心理咨询师与治疗师也要给予关注与赞扬。在这种情况下，不要吝啬自己的赞扬。另一方面，心理咨询师与治疗师还要去发现来访者自己身上的优点与长处，去挖掘他们的潜力，找到他们身上的闪光点进行赞扬与鼓励。这其实是一种更高境界的积极关注。总之，心理咨询师与治疗师给予来访者积极关注的针对性越强，治疗的效果也就越好。

总之，心理咨询师与治疗师应相信来访者都是有能力的，能自我引导，且能拥有美好的生活。当咨询师本着真诚、尊重的态度，对来访者给予积极关注与鼓励时，就可以与来访者建立一个良好的咨访关系；使来访者感受到自己被接纳、被信任，从而减少防卫，坦白表露自己，畅快地表达自己。最终，在咨询师的支持下，来访者发挥自己的潜能，有效地面对各种心理困扰与心理问题。

（二）倾听技术

1. 倾听的内涵

倾听技术也称参与技术，是指心理咨询师与治疗师在咨询的过程中，通过自己的感觉器官，全方位接收来自来访者所有的信息。在这一过程中，心理咨询师还需要通过自己的语言和非语言行为向来访者传达这样的信息：我对你所说的内容很感兴趣，正在津津有味地听着，同时表示出理解和接纳。

倾听技术对于每位心理咨询师与治疗师来说都是十分重要的，也是他们必须掌握的基本技能之一。因为心理咨询过程首先是一个倾听的过程，心理咨询师与治疗师只有把注意力全部放到来访者身上，做到准确的倾听，才能得到来访者的充分信任，建立良好的咨访关系，最终达到心理咨询与治疗的效果。

2. 倾听技术的重要意义

在心理咨询与治疗的实践中，倾听具有重要的意义，主要表现在以下几个方面。

（1）促进良好咨访关系的建立。心理咨询师与治疗师积极地倾听，并表现出一种开放、谦和、专注、投入的状态，以促进良好的咨询与治疗关系的建立。通过认真倾听，咨询师与治疗师可以向来访者表明，咨询师与治疗师对他（她）本人及其存在的心理问题非常感兴趣；还可以向来访者证明，咨询师与治疗师不仅在倾听而且在理解他（她）。在这一过程中，心理咨询师与治疗师应鼓励来访者坦诚地表达自己，从而达到良好的咨询效果。所以，倾听可以拉近心理咨询师与来访者的心理距离，有助于咨访关系的建立。

（2）收集有价值的信息。通过认真倾听，并观察来访者的言语与非言语行为，心理咨询师与治疗师可以高效率地接收和理解来访者的言语和非言语行为，从而收集到许多有价值的信息。在倾听的过程中，心理咨询师与来访者的交流从表面逐渐转向更深的层次，来访者自由而开放地说出任何想到的内容，以便咨询师可以深入了解其内心世界。实际上，倾听要贯穿整个咨询过程，并且要和其他技术结合在一起使用，为其他技术提供信息方面的支持。

（3）缓解和释放来访者的消极情绪。在心理咨询与治疗的实践中，心理咨询师与治疗师的认真倾听能够缓解和释放来访者的消极情绪，有助于来访者解决自己的问题和承担成长中的更多责任。好的倾听必然带来良好的治疗效果，特别是在面对问题比较轻微的来访者时，可以使其心情舒畅，有助于化解消极情绪。

3. 使用倾听技术时的注意事项

在心理咨询与治疗的过程中，要做到真正的倾听，并不是一件容易的事，需要提前做好充分的准备。以下是倾听过程中的一些注意事项。

（1）要用心去听。倾听并不仅是简单地用耳朵去听，还要用眼睛去看，用心去听，要设身处地地去感受来访者的所思所想。这就要求心理咨询师与治疗师不仅要听懂来访者通过言语和行为所表达出来的各种信息，还要听出来访者在交谈中所省略的和未表达的信息。一方面，咨询师要仔细分析来访者言语中蕴含的意思，以及来访者的表达方式、思维方式等；另一方面，咨询师要注意观察来访者非言语形式所传达的各种信息，如来访者复杂的表情、肢体动作、肢体语言等。

（2）要有适当的反馈。心理咨询师与治疗师在倾听的过程中并不能仅被动地接收各种信息，还需要有积极、主动与适当的反应，即要对来访者做出一些反馈。这些反应既包括言语式反馈，也包括非言语式反馈。其中，言语式反馈指心理咨询师与治疗师发出言语来进行反馈，如使用"嗯""哦""请继续""然后呢"等词汇鼓励来访者继续说下去，并表达咨询师对来访者的叙述比较感兴趣。言语式反馈指心理咨询师与治疗师运用表情、肢体动作等形式来进行反馈，如对来访者微笑、目光注视、身体前倾、点头或者向来访者更加靠近，缩短空间距离等。

（3）态度要适当。心理咨询师与治疗师在倾听的过程中还要注意保持适当的态度，在理解来访者所传达内容与情感的同时，还要注意对来访者本人以及他所传达的内容和情感采取一种尊重、接纳和理解的态度。心理咨询师与治疗师要把自己放在来访者的位置上加以思考，鼓励来访者进行宣泄，帮助来访者澄清自己的想法，而不要采取排斥、歧视的态度，或流露出吃惊、不理解及其他不当的表情。初次踏入心理咨询领域的咨询师往往比较缺乏经验，容易犯这方面的错误。如轻视来访者的问题，认为其所叙述的内容和表达的情感是大惊小怪的；或表现出不耐烦的态度，急于下结论，随意打断、干扰来访者的叙述，转移来访者的话题；或按照自己的价值标准对来访者的言行举止与价值观念进行评价，作道德上正确与否的判断；等等。以上这些倾听的态度都不可取、不适当，它会使来访者感到无所适从，降低对咨询师的信任感，不利于良好咨访关系的建立与维护。心理咨询师与治疗师在倾听的过程中一定要注意避免出现这些态度。

（三）共情技术

1. 共情的内涵

共情，又称同感、同理心等，是指心理咨询师与治疗师认识来访者内部世界的态度和能力，包括能设身处地地从来访者的角度，理解来访者的感受，并向来访者表达出来，并提出有针对性、可行的指导建议。罗杰斯认为，共情要求咨询师能够正确地了解来访者内在的主观世界，察觉到来访者蕴含的个人意义的世界，就好像是自己的世界，并且能将有意义的信息传达给来访者。雷秀雅等（2023）认为，对共情不仅要理解来访者那些比较明显的感受，还要理解那些相对不那么清晰的感受。也就是说，心理咨询师与治疗师要做到共情，就需要对来访者的经历进行思考，并理解来访者经历的含义以及来访者在其中的感受，并对其做出相应的反应。要做到这些，心理咨询师与治疗师需要同时从认知、情感和人际关系三个角度来理解来访者。

共情是心理咨询师与治疗师必须掌握的一项最为基本的技能，它对提升心理咨询与治疗的质量及效果尤为重要。其一，心理咨询师与治疗师的共情能帮助来访者进行自我理解，明晰自己的信念和世界观；其二，通过共情，来访者会感到自己被理解和接纳，这样有助于建立良好的咨访关系；其三，共情是心理咨询师与治疗师在协助来访者进行自我表达、自我探索和自我了解；其四，心理咨询师与治疗师正确的共情能使来访者感到被理解，感到温暖和安慰，使来访者产生较大的力量以面对并解决当前的困扰。这些对心理咨询与治疗都具有积极的意义。

2. 共情的层次

在心理咨询与治疗的实践过程中，共情存在较大程度的差异，这反映出心理咨询师与治疗师共情的水平与质量。一般来说，按照从低到高的顺序，共情可分为以下五个层次。

（1）没有理解，没有指导。共情的最低层次就是心理咨询师与治疗师没有留意或忽略了来访者表达的内容和感受，他们自然就表达不出来访者的内容和情感，也就是没有理解，更谈不上指导。如有的来访者在咨询时反映，他与自己的父亲难以沟通，无法和睦相处，自己感到比较痛苦。有的咨询师就直接问道，为什么你们两个不能很好地相处呢？咨询师这样问，就表明他并未站在来访者的角度体验、理解其内心感受与情感，当然也不能给出很好的建议，甚至还带有一些指责的意味。所以，心理咨询师这样的反应就处于共情的最低层次，即没有理解，没有指导。

（2）没有理解，有些指导。共情的第二个层次就是心理咨询师与治疗师只是注意到来访者表达的一些内容与感受，但是忽略了情感成分，没有表现出情感共鸣。如还是第一层次的例子，咨询师对来访者说，从你反映的情况来看，当前你与父亲的关系正处在困难期，需要采取一些措施加以应对。咨询师的这种反应比第一层次有些进步，因为他注意到了来访者所反映的一些内容与感受，但并未表达出他对内容与感受的共鸣，也就是未从更深层次对来访者所表达的内容与感受加以理解。同时，咨询师也给出了一些指导，但比较含糊，具体应该采取什么措施，并未说明。所以，咨询师这样的反应就处于共情的第二层次，即没有理解，有些指导。

（3）有些理解，没有指导。共情的第三个层次就是心理咨询师与治疗师对来访者反映的一些内容、意义或情感都做出了反应，但是没有理解来访者深层次的、隐匿于言语背后的意义和感受，因而也就不能作出指导。如还是上述例子，咨询师对来访者说，你正尝试与他相处，但没有成功，因而感到比较沮丧与痛苦。咨询师的这种反应表明他比较关注来访者所表达的内容，同时也有一些情感反应，并产生了情感的一些共鸣。但是，咨询师的感受还不是十分深刻，对来访者隐匿于言语背后的意义和感受不深，也未给出具体的指导建议。所以，咨询师这样的反应就处于共情的第三层次，即有些理解，没有指导。

（4）既有理解，又有指导。共情的第四个层次就是心理咨询师与治疗师对来访者表达出深层次的、隐匿于言语背后的意义和感受，能够理解并能表达出来访者未能表达或未察觉到的情感反应，给出具体的指导意见。如仍是上述例子，咨询师对来访者说，你似乎无法接近你的父亲，所以感到比较沮丧与痛苦；不过，你可以想办法让你父亲对你宽容一些，这样会比较好。咨询师的这种反应表明他对来访者的处境和困惑感受、体验较深，甚至把来访者自己未察觉到的情感反应都表达出来。来访者自己可能没有意识到，之所以感到沮丧与痛苦就是因为自己与父亲的心理距离比较远，难以接近自己的父亲。同时，咨询师还给出了比较好的指导建议，就是让父亲更加宽容一些，具有一定的可操作性与可行性。所以，咨询师这样的反应表明共情的层次较高，处于第四层次，也就是既有理解，又有指导。

（5）理解、指导和行动都有。共情的第五个层次就是心理咨询师与治疗师在第四个层次的基础上，对来访者所反映的内容、体验、感受等做出了反应，并提供了更为详细、具体、可行的行动措施。如依然是上述例子，咨询师对来访者说，你似乎不能接近你的父亲，所以感到比较沮丧与痛苦；同时，你需要他对你宽容一些；另外，你自己也可以做出一些努力，比如采用一种方法，向你的父亲表达出你的这种情感。与第四层次相比，咨询师给来访者提出了更多的建议措施，除了父亲要更加宽容一些，自己也需要有主观努力，向父亲表达自己的情感需求。所以，咨询师这样的反应就处于共情的第五层次，即理解、指导和行动都有。这是共情的最高、最理想的境界，也是许多心理咨询师与治疗师所追求的境界。

3. 共情技术使用时的注意事项

心理咨询师与治疗师在使用共情技术时应注意以下事项。

（1）要设身处地。心理咨询师与治疗师在使用共情技术时首先要注意的是，要设身处地，把自己置于来访者的地位和处境上尝试感受与体验他的喜怒哀乐。也就是说，心理咨询师与治疗师不能局限于自己的参照框架，而应走出自己的参照框架，并进入来访者的参照框架。

（2）不要盲目表达。心理咨询师与治疗师初次接触来访者时，对来访者可能缺乏基本的了解，不清楚共情点在哪，这时切勿盲目表达自己的共情，否则会适得其反。当心理咨询师与治疗师不太肯定自己的理解是否准确、是否达到了共情时，建议多使用尝试性、探索性的语气来表达。如果表达到位，可以请来访者检验并做出修正。

（3）表达要适时适度。心理咨询师与治疗师使用共情技术的目的往往是深入、准确地理解来访者及其存在的问题。但是，来访者的生活背景与人格特征存在较大差异，其存在的心理问题也是各种各样的，有不同的表现。那么，共情的表达也应该适时适度，因人而异，并注意考虑来访者文化背景及来访者的某些人格特点差异。

（4）言语表达与非言语表达相结合。一般来说，心理咨询师与治疗师使用共情技术时主要是以言语准确表达对来访者内心体验的理解。当然，言语表达并不是唯一的表达形式。事实上，共情的表达除言语形式外，还有非言语形式，包括使用表情和肢体语言。这些非言语也可以传递比较丰富的信息，甚至有时比言语表达更加有效、简便。所以，心理咨询师与治疗师在实践中应注意把言语表达与非言语表达两种形式巧妙地结合起来。

（5）要进退自如，恰到好处。心理咨询师与治疗师使用共情技术时还要注意灵活使用，做到进退自如，恰到好处，从而达到最佳境界。始终牢记，共情的真谛是指心理咨询师与治疗师要真切地体验到来访者的内心，如同体验自己的内心一样，而不要过于武断，仅凭自己的主观臆测就盲目下结论，那就背离了共情的初心。

（四）询问技术

询问技术是指心理咨询师与治疗师为了鼓励来访者进行更多的表达，在必要时配合来访者的问题与咨询目标，提出相关问题询问来访者。询问包括封闭式询问和开放式询问两种类型。

1. 封闭式询问

封闭式询问是指心理咨询师与治疗师提出问题之后，让来访者从预先给定的答案中根据自己的情况选择合适的答案。预先给定的答案通常包括是或不是、对或不对、要或不要、有或没有等，来访者的回答通常是二选一式的简单答案。封闭式询问不是随时随地可以使用的，其使用需要一定的条件，主要包括以下内容。

（1）当来访者的叙述偏离正题时，心理咨询师与治疗师就可以用封闭式询问适当地终止其叙述，以便使来访者的叙述回归正确的主题。

（2）心理咨询师与治疗师的目的是收集来访者的一些资料，这些资料要求条理清楚、层次分明。

（3）心理咨询师与治疗师掌握的关于来访者的一些资料不够准确，想确认和澄清一些事实。

（4）心理咨询师与治疗师可以在短时间的访谈中获取来访者的重点信息，缩小访谈的范围，提高咨询效率，以便节省双方宝贵的时间。

另外，封闭式询问在使用过程中还有一些注意事项，主要包括以下内容。

（1）不要过度使用封闭式询问。在心理咨询与治疗的过程中要注意适度使用封闭式询问，过多的封闭式询问会使来访者陷入被动回答的局面，其自我表达的愿望和积极性就会受到压制，造成其沉默甚至产生压抑感。面谈应使来访者有机会充分地表达自己，而封闭式询问剥夺了来访者的这种机会。

（2）使用封闭式询问时，切勿把简单的问题复杂化。如有的心理咨询师与治疗师一再使用封闭式询问替代开放式询问，结果把简单的问题复杂化，不仅浪费了时间，还达不到应有的效果。

（3）要明确使用的必要性。使用封闭式询问时一定要明确其必要性。如果来访者已经清楚自己的问题是什么、原因是什么，就不需要咨询师一一询问了。另外，对于一些暗示性比较强且不清楚自身问题的来访者，这种询问方式还可能起到误导的作用。

总之，心理咨询师与治疗师在咨询与治疗的过程中一定要正确使用封闭式询问，否则可能产生负面的影响。如导致来访者对心理咨询师与治疗师的信任度减少，甚至引起反感，从而影响咨询与治疗的效果及质量。

2. 开放式询问

开放式询问就是心理咨询师与治疗师没有预先给定答案，让来访者根据自己的实际情况自由回答。对于这类询问，心理咨询师与治疗师通常使用"什么""如何""为什么""哪些"等词来发问，让来访者就有关问题、思想、情感等给予详细的说明。开放式询问通常没有固定答案，可以允许来访者自由地发表意见，从而给咨询师带来较多的信息。

根据心理咨询师与治疗师的目的不同，开放式询问又可以分为如下几种类型，每种类型一般使用不同的用词。

（1）获得一些事实与资料的询问。在咨询与治疗的实践中，心理咨询师与治疗师为了获得一些事实和资料，往往使用带有"什么"字眼的问题。如咨询师问来访者，你为解决这个问题做了些什么、你们之间发生了什么问题等。其目的在于了解来访者对自己的某种心理问题都做了哪些努力，并分析是否得当；同时，了解来访者的同伴关系对于这种心理问题的影响等。

（2）了解某事件发生的经过、发生的顺序或来访者情绪的询问。心理咨询师与治疗师为了获得某事件发生的经过、发生的顺序以及该事件对来访者情绪的影响等，会经常询问带有"如何"字眼的问题。如心理咨询师与治疗师问来访者，你所说的这件事是如何发生的、事件的发生过程如何、这件事如何影响了你的情绪等。

（3）了解来访者对一些事件原因分析的询问。心理咨询师与治疗师为了获得某事件发生的深层次原因，往往使用带有"为什么"字眼的问题。如心理咨询师与治疗师询问来访者，你为什么不喜欢和同学接触、你为什么害怕在公众场合讲话、你为什么对小猫小狗也感到害怕等。其目的是了解造成来访者一些心理问题的根源，以便对症下药。

（4）促使来访者自我剖析的询问。心理咨询师与治疗师为了促使来访者对自我进行深入的剖析，往往使用"愿不愿意""能不能"之类的词进行询问。如心理咨询师与治疗师询问来访者，你能不能或愿不愿意告诉我你为什么不喜欢自己、从什么时候开始不喜欢自己等。

心理咨询师与治疗师在采用开放式询问的过程中，也有一些注意事项。主要包括以下内容。

（1）把开放式询问和封闭式询问结合使用。开放式询问和封闭式询问作为心理咨询与治疗实践中两种常用的询问方式，既有各自的长处与优点，也有各自的缺点与不足。所以，心理咨询师与治疗师在与来访者交谈的过程中，不要单一使用某种方式，应该注意把开放式询问和封闭式询问结合起来，互为补充，这样才能取得相得益彰的较好效果。

（2）注意询问的语气与方式。心理咨询师与治疗师在使用开放式询问时要注意询问的语气与方法。一般来说，心理咨询师与治疗师语气要平和、礼貌，显示出真诚，要以平等的方式对来访者进行询问；而不要以一种高高在上的方式询问来访者，这会给来访者一种被讯问、被胁迫的感觉，从而给来访者带来一种不好的咨询体验。

（3）注意把握询问的目的。心理咨询师与治疗师在使用开放式询问时要始终把握询问的目的，即是为了了解来访者的情况，让来访者充分地表达自己，而不是满足自己的好奇心或者窥视感。另外，在谈到一些特殊问题时，比如有关性的问题等时，咨询师与治疗师更要注意到来访者的接受程度，而不应该表现出一种不当的兴趣，以免使来访者紧张、害羞，或是反感，从而降低对咨询师的信任程度。

（4）询问的问题要围绕咨询与治疗的目标。心理咨询师与治疗师在使用开放式询问时要注意，询问的问题要始终围绕咨询与治疗的目标，而不要偏题。心理咨询师与治疗师要明确求助者的问题是什么、咨询的目标是什么、两者之间又是什么关系。开放式询问要始终围绕这些问题，心理咨询师和治疗师应该清楚地知道自己想问的问题是什么、目的是什么，不要询问不着边际的问题，甚至把谈话引到无关紧要的话题上。

（5）要注意询问的语气与语调。心理咨询师与治疗师在使用开放式询问时也要注意询问的语气与语调。针对同样的问题，咨询师与治疗师使用不同的神态、语气、语调，以及在不同的咨询与辅导关系下都会产生截然不同的效果。如咨询师与治疗师需要询问来访者为什么与他人打架，在关切或指责批评与冷漠的语气之下，给来访者带来的内心感受与体验是不同的，从而造成的结果也就自然不同。

开放式询问有较多优点，如可以帮助咨询师了解来访者的一些情况，引导谈话方向，促进来访者宣泄自己的情感；同时，通过开放式询问，咨询师也可以表达他对来访者的态度。总的来说，开放式询问是一种比较好的技术，其使用与咨询师的自身素质相关，咨询师需要反复体会和实践进而提高咨询技巧。当然，开放式询问也有一个比较明显的缺点，就是比较费时费力，心理咨询师与治疗师也要慎用这种询问方式。

二、来访者中心疗法的操作与运用

（一）来访者中心疗法概述

1. 来访者中心疗法的基本特点

来访者中心疗法比较强调治疗师与来访者面对面互动的重要性，强调咨询师的态度发挥至关重要的作用（雷秀雅等，2023）。与其他的心理疗法不同，来访者中心疗法下的治疗师不会过度依赖专业方面的规程；不会诊断与设计治疗计划、制定治疗策略、借鉴治疗技术或者以任何形式承担来访者的责任，不会使用启发性或是盘根问底式的问题去探讨来访者的历史，不会对来访者的行为作出解释，不会对来访者的观点或计划进行评估，更不会替来访者决定治疗的频率和长度等。

同时，治疗师的态度在来访者中心疗法中扮演着至关重要的角色，治疗师的态度甚至比知识、理论与技术更为重要。治疗师的态度包括真诚、尊重和理解等，这些态度构成了治疗关系的基石。在这种关系中，治疗师不直接提供解决方案，而是鼓励来访者自我发现和自我解决。治疗师的态度是促进来访者人格改变的基础，它直接影响来访者的安全感和信任感，进而影响治疗的成效。治疗师的任务是通过自己的存在和态度，帮助来访者认识到自己的资源和能力，以及如何利用这些资源来解决问题。

2. 来访者中心疗法的适用对象

来访者中心疗法适用于广泛的人群，包括但不限于神经症患者、一般心理问题患者，以及面临婚姻、家庭、教育等问题的人群。其治疗条件适用于多种人际关系，包括父母与孩子、领导与员工、教师与学生、管理者与职员的关系以及治疗师和来访者的关系等。

来访者中心疗法所能解决的问题比较多，包括人际交往困难、情绪障碍、焦虑、恐惧症、人格障碍以及受心理影响的生理问题等。此外，该方法还适用于个体的心理危机干预，如失恋、亲人亡故、患重大疾病等情况。该方法的积极关注、倾听、共情等技术能帮助处在危机状态的来访者，缓解某些身心症状，让他们在混乱中保持镇静，使他们考虑得更清楚，作出更好的决定。

3. 来访者中心疗法的目标

来访者中心疗法的目标和其他传统疗法的目标有所不同。来访者中心疗法的目标主要包括以下几个方面：①帮助来访者获得更高水平的独立与整合。该疗法注重的是人本身，而不是个体的问题。②营造一种气氛，帮助来访者成为一个充分发挥自己功能的人。③帮助来访者减少人格内部冲突，整合自我与人格，发展积极的生活方式，变成一个功能完善的人。④让来访者的人格得到成长、发展和改变，最终达到人性的自我实现的目的。

（二）来访者中心疗法的操作步骤

参照罗杰斯提出的来访者中心疗法治疗过程的基本程序（钱铭怡，2016），再结合心理咨询与治疗的实践，来访者中心疗法的运用一般包括以下步骤。

1. 营造良好气氛，建立信任关系

来访者中心疗法的第一步就是创造一个安全、舒适且信任的环境，使来访者能够开放地分享自己的感受和经历。同时，心理咨询师与治疗师需要与来访者建立起信任关系，这是心理咨询与治疗成功的基石。咨询师应该对来访者表现出真诚和尊重，确保来访者感到被理解和支持。咨询师要向来访者说明，对于他所提的问题，这里并无解决的明确答案，心理咨询或治疗只是提供一个场所或一种气氛，帮助来访者找到某种答案或自己解决问题。

2. 鼓励来访者进行情感的自由表达

心理咨询师与治疗师必须以友好的、诚恳的、接受来访者的态度，促进来访者对自己的情感、体验等做自由的表达。一般来说，来访者开始所表达的大多是消极的或含糊的情感与体验，如敌意、焦虑、愧疚与疑虑等。心理咨询师与治疗师也不要去打断，允许来访者尽情发挥。当然，心理咨询师与治疗师也应具有灵活掌握面谈的经验，有效地促进来访者的表达。

3. 心理咨询师与治疗师的倾听与理解

在来访者自由表达的时候，心理咨询师与治疗师应积极倾听。无论来访者讲述的内容如何荒诞不经或是滑稽可笑，咨询师都应以接受对方的态度加以处理，努力营造出一种气氛，使对方认识到这些消极的情感也是自身的一部分。同时，咨询师还要给予反馈，即通过提问和反馈深化对来访者问题的理解。这种反馈不仅是对表面内容的反应，而且需要深入来访者的内心，特别是要发现来访者影射或暗含的消极情感，如矛盾、敌意或不适应等。这会让来访者感到自己被重视和理解，从而更愿意开放地分享自己的经历。

4. 来访者开始自我成长

当来访者充分暴露出自己的消极情感之后，积极的情感就会以模糊的、试探性的方式不断萌生，来访者的成长也就由此开始。对于来访者所表达出的积极的情感，咨询师应予以接受，并给予表扬或赞许，但不应加入道德评价。在这种情况下，来访者处于自我领悟与自我了解的境地，开始接受真实的自我。来访者因处于良好的能被人理解与接受的气氛中，而有一种完全不同的心境，能够有机会重新考察自己，进而达到接受真实自我的目的。

5. 来访者采取行动

在自我成长的过程中，来访者需要采取行动，执行新的决定。有的来访者此时会有恐惧心理或缺乏勇气，不敢作出一些决策。心理咨询师与治疗师可以帮助来访者澄清一些错误的认识，适时提供一些专业建议。但要注意，心理咨询师与治疗师只是协助来访者作出选择，不要勉强来访者或给予来访者劝告。在了解来访者的需求后，咨询师还可以提供专业的建议与支持，帮助来访者找到解决问题的方法；同时，保持一定的灵活性，根据来访者的反馈调整咨询与治疗的方向。

6. 疗效开始产生

在来访者采取某些积极的、尝试性的行动之后，疗效就开始产生了。因为来访者自己有所领悟，对问题有了新的认识，并且付诸行动，所以这种效果具有一定的意义。此时，心理咨询师与治疗师不应满足于现状，还要进一步扩大效果。接下来，咨询与治疗工作应转向帮助来访者发展其领悟的领域，以达到较深的层次。

7. 来访者的全面成长

咨询与治疗到了来访者的全面成长阶段，来访者不再惧怕选择与决策，处于积极行动与全面成长的过程中，并且有较大的信心进行自我指导。此时，治疗师与来访者的关系也达到了顶点，来访者可以主动地提出问题并与治疗师共同探讨。最后，当来访者感到无须再寻求治疗师的协助时，咨询与治疗的关系也就可以终止了。

需要说明的是，以上为了叙述方便，我们把这些步骤分成了几个阶段。其实，这些步骤之间的关系十分密切，并不是完全独立的，而是你中有我、我中有你，有机地融合在一起的，心理咨询师与治疗师在使用来访者中心疗法时要注意这一点。

（三）来访者中心疗法咨询与治疗的个案分析

案主：小凌，女，23 岁。小凌来自南方某经济发达城市，是独生子女，父母都是外企员工，从小对小凌的教养方式较为宽松。从大学二年级开始，小凌就和班级某名男生恋爱了，是男生多次主动追求小凌的。近期，小凌感到特别烦恼，她觉得自己的恋爱关系有些问题。她说虽然已经恋爱两年了，但她仍然无法适应与男朋友之间的亲密关系。她不喜欢爱与被爱的感觉，她觉得生活对她是一种束缚，她不能按照自己的愿望生活，任何东西都是外界强加给自己的。她觉得这样活着一点都不像自己，她一直都是为了别人而活。她变得不喜欢自己，更不喜欢现在的生活，她为此感到困惑、痛苦，甚至有些绝望。她现在不知道怎么办，甚至无法解决这些问题，因为这些问题似乎只出现在自己的感受里，可自己却无法控制。于是，在经过激烈的思想斗争之后，她终于鼓起勇气，走进了大学生心理健康教育中心，寻求专业人士的帮助。

根据小凌的自我描述，她的症状属于一种情绪障碍，处于"剪不断，理还乱"的情绪纠葛中。当然，她所描述的都是表面现象，在这背后隐藏着一个较为核心的问题，那就是她并不知道自己的真正感觉是什么，她在成长的过程中还没有真正明白自己；她往往只关注外在的意志和自我感受，而忽视了自我意志。当消极的情绪违背自我意志时，她痛苦挣扎，被这些面具禁锢得喘不过气来。她的困扰使她感受到痛苦，她的表情、神态、动作、语言等显示出她内心的挫败、烦躁与绝望。同时，她又那么热切地想探索问题，虽然有时比较枯燥乏味，她却感到乐此不疲。小凌目前面临的主要是个人的成长与发展问题，在治疗策略上不太适合用传统的心理治疗方法，因为这些治疗方法一般只针对某些具体问题或特殊病症。所以，大学生心理健康教育中心的心理咨询师与治疗师考虑采用来访者中心疗法，即通过非指示性的言语，为来访者提供绝对的支持与理解；让来访者在这种安全关系中，考察自己以往经验的各个方面，正视矛盾，最终找到真正的自我。

心理咨询师与治疗师在建立起良好的咨访关系之后，鼓励来访者进行情感的自由表达。其目的是通过自我探索，让来访者的潜意识回归意识，让潜意识的自己卸下面具，尽可能地把潜意识精确地表现出来，让它们成为意识的一部分。来访者谈到，所有的东西最初看起来比较模糊，但通过努力，逐渐变得清晰，就像是拼七巧板：开始感觉比较枯燥，觉得没有太多的意义，但通过摆弄，呈现各种样式，从而逐渐变得有意义。在来访者自由表达的时候，心理咨询师与治疗师认真地倾听，积极地关注，同时表示理解与接受，并在恰当的时机给予反馈。如心理咨询师与治疗师对来访者说，你做这个七巧板游戏并不仅是为了拼出某个图片，还可以获得一种满足感，收获成就感。接下来，心理咨询师与治疗师引导来访者了解自己的经验，包括潜在的经验，不要歪曲已有的经验；让其尽量挖掘自己的潜能，自己来解决自己的问题，接受真实的自我；学会开放地、自由地、不胆怯地接受来自他人的一些积极情绪。来访者逐渐自我领悟，对一些问题有了新的认识，并且开始付诸行动。如来访者说道，恋爱确实不是一个人的事情，它也是人际交往中非常重要的一部分，我们需要爱，也需要爱别人；这些问题我以前没有想过，没有意识到，可能是在心里关闭了这扇门，现在打开了。

经过多次咨询与治疗，小凌最终找到了真实的自我。她越来越相信自我的发展潜能，承认自己是一个有责任感、有特点的人；她已经知道如何处理与男朋友之间的关系，知道自己今后应该怎样面对生活。可见，小凌已经处于积极行动与健康成长的过程中，来访者中心疗法初显成效，咨访关系也告一段落。

课后思考题

1. 人本主义的基本理论有哪些?

2. 人本主义疗法有哪些基本技术?

3. 来访者中心疗法的运用一般包括哪些步骤?

推荐阅读

[1] 李江雪. 大学生心理咨询技术与案例 [M]. 广州: 广东教育出版社, 2008.

[2] 刘春雷, 姜淑梅, 孙崇勇. 青少年心理咨询与辅导 [M]. 北京: 清华大学出版社, 2011.

[3] 钱铭怡. 心理咨询与心理治疗 [M]. 北京: 北京大学出版社, 2016.

第七章　叙事治疗的基本理论及其在心理咨询与治疗实践中的运用

　　20 世纪 80 年代，澳大利亚临床心理学家怀特（White）和新西兰心理学家爱普生（Epston）提出叙事疗法理论，其最初主要用于家庭叙事心理治疗。1990 年，怀特和爱普生出版了代表作《故事、知识、权力：叙事治疗的力量》，从人和世界的关系、知识与权力的关系、语言对人的建构、来访者和治疗师的关系等方面系统阐述了叙事心理治疗的观点和方法，为后续的叙事疗法提供了案例支持和理论依据。叙事即叙说故事，是指通过来访者与咨询师的对话，将人的生活视为日常生活经验故事化的过程，在故事中不断组织、呈现和实践自己的生活，使问题故事转化为期待故事的过程（余瑞萍，2015）。所谓叙事治疗（Narrative Therapy），就是指治疗师通过倾听来访者的故事，运用适当的方法，帮助来访者找出遗漏片段，使问题外化，从而引导来访者重构积极故事，以唤起当事人发生改变的内在力量的过程（陈一心，2009）。叙事治疗的核心思想就是咨询师帮助来访者注意生活中被他们忽略的、正面的故事或经验，促使他们改变目前对自己、对自己生活的消极态度，并重建一种积极的生活态度、生活方式。

第一节　叙事治疗的基本理论

　　叙事治疗以后现代主义的社会建构观为基础，因此，叙事治疗理论源于社会建构理论与后结构主义。

一、社会建构理论

社会建构理论包括个人建构主义与社会建构主义。个人建构主义认为，人们会像科学家那样对世界进行主观建构，并用自己的现实来检验。社会建构主义的思想最初是由人类学家贝特森（Bateson）与哲学家斯宾塞（Spence）共同提出的，后来被社会心理学家格根（Gergen）引入心理学领域。20世纪90年代初期，心理学家怀特与爱普生将社会建构论与叙事隐喻联系起来，使它成为叙事心理治疗的重要思想来源之一。可以说，社会建构论进入心理学是心理学研究范式发生质变的标志。

（一）关于故事

社会建构主义理论认为，社会生活在创造我们的同时，我们也创造了社会生活（Smith，1999）。这个观点揭示了叙事故事具有隐喻的功能，也就是说，个体在给予故事生命的同时，故事也给予个体生命。当然，个体不会也不能独自创造我们的故事，它们只能出现在预先已存在的意义环境中。这个意义环境通常是社会性的，意义也不能独立于社会生活而存在。人们创造意义、联系社会事件和经验的能力是在社会互动中发展起来的。虽然故事是离散性的，但其经历和述说是不可分割的。我们在述说故事的过程中形成或建构起自己的经历，我们在讲述故事的同时，也体验着它们。叙事隐喻从一种表象主义演化为一种构成论，因而从一种认为故事是对社会生活的简单描述的观念，转变为一种认为故事创造并反映社会生活的观念（White，1995）。

White 和 Epston（1990）认为，我们生活在故事里，我们的故事构成了我们的生活。从这个观点出发，我们创造了故事，故事也创造了我们。White（2001）还指出，我们的故事不是简单地表征我们，也不像镜子一样反射一个可认识的现实；相反，我们的故事是主动地建构了我们。在日常生活中，个体所讲述的故事通常是他们创造的故事。当他们写下有关自己生活的新故事时，他们就创造了新故事。当人们讲述无益或压抑的生活故事时，这些故事常伴随着不幸、痛苦、不公，于是，他们就让故事充满生命力（Bruner，2002）。

（二）关于知识与经验

社会建构理论认为，人的知识、经验的产生与发展是一种社会现象，即在一定的社会情境中通过与他人的交流、互动逐渐积累形成自己的认识框架。由于社会情境与人际交流的可变性，在人类存在之外，并不存在绝对的真理，也没有普遍适用的、可知的真理。真理永远只是部分的、区域性的、可获取的。真理的、合理的、正常的东西实际上是在一定的社会历史背景中出现的社会建构物，并不能脱离人类的意义建构过程。相同的道理，自我和同一性也是基于语言与文化的关系，通过个人的社会生活实践才出现的，也并不存在固定不变的、可知的或者本质的自我或同一性①。

因此，社会建构理论家不仅重视人们知道什么，也重视人们是如何知道这些的。此外，社会理论家认为在个体认识发展的过程中，社会起主要作用，个体周围的人群、环境氛围对其认识发展的方式和速度都具有主要影响。因此，知识永远不是孤立的，都有一定的文化背景。当涉及社会生活和根植于社会生活的人类经验时，所有的知识都是解释性的，有一定的价值基础，织成权力的矩阵，并且塑造了社会组织本身。人成为一个社会性的存在是一个辩证的过程，在这个过程中，人们创造了他们所在的世界，同时又被这个世界所塑造。

由此看来，社会建构主义对单一的客观真理提出了质疑，采取一种多元实在的立场，认为实在是由社会话语构建的，并认为心理现象是一种社会文化的、语言的建构。个人的自我认同，决定于文化脉络、个人在社会中的位置与资源。而任何一种社会建构都给我们的思维带来限制，我们的心智其实一直深陷于文化给我们制造的惯性思维和直线式逻辑之中。

二、后结构主义

（一）后结构主义与后现代主义

后结构主义是后现代主义基础理论的重要组成部分。从哲学角度来讲，现代主义主要是指西方启蒙运动以来确立的理性原则和科学精神。它起源于 15 世纪文艺复兴时期为反对神性而建立的人类理性，以 17 世纪到 20 世纪 50 年代发展起来的科学与实证精神为基础。它强调理性、权威、同一性、整体性、确定性和终极价值观。后现代主义是产生于欧美 19 世纪 60 年代，并于 19 世纪 70 年代与

---

① ［加］卡特里娜·布朗，托德·奥古斯塔-斯科特. 叙事疗法［M］. 方双虎，方红，等译. 北京：中国人民大学出版社，2016.

80 年代流行于西方的文学、建筑、艺术、音乐、社会学、哲学、教育和科学等广泛领域的思潮，其要旨在于放弃和批判现代主义的基本前提及其规范内容，并拒绝现代主义的形式规定原则。

后现代主义叙事疗法代表了一种与现代主义心理治疗观有着根本分歧的取向。该疗法根植于一些现代主义概念，包括知识、权力、真理、经验、情感、理性、自我、同一性等。但是，从影响叙事疗法的后现代主义视角来看，这些重要的基本治疗概念受到一定程度的质疑，而非被直接采纳。正如弗拉克斯（Flax，1990）所观察到的那样，现代主义关于理性、真理、知识和自我的基本假设在后现代主义看来，都是不稳定的。

人们生来便处于一个社会群体中，这个社会群体中的人们一直在讲述着各种各样的故事。这些故事会为本来看似孤立的生活事件和经验提供一种"内在联系"。故事被看作人们对自己的经验片段进行主观赋义的过程，个体在这些故事的影响下形成自我认同。

（二）后结构主义与结构主义

后结构主义是 20 世纪 60 年代在结构主义的基础上产生的，从 20 世纪 70 年代开始逐渐进入整个人文学科。后结构主义利用结构主义提供的基本命题继续推导，对符号、知识与主体性等范畴做了新的阐释。后结构主义与结构主义不同，结构主义重视结构，即整体和部分之间的联系，主张把人的故事放到整个社会文化中，对其中的结构进行分析、重新排列。结构主义认为，整体对于部分来说具有逻辑上优先的重要性。因为任何事物都是一个复杂的统一整体，其中任何一个组成部分的性质都不可能孤立地被理解，而只能把它放在一个整体的关系网络中，即把它与其他部分联系起来才能被理解。

后结构主义以"反对总体化、强调差异"作为解决问题的方法，强调"解构"既不对人的故事进行本身含义的挖掘，也不进行赞同或反对的表述，而是从多个角度入手，找出其中的多重含义，然后把原来较为灰暗的故事进行改写，形成一个新的积极的故事（马海良，2003）。

第二节　基于叙事治疗理论的心理咨询与治疗方法

一、叙事治疗的基本技术

叙事治疗的方法使用起来比较灵活多样，目前在心理咨询与治疗实践中，经常用到的技术主要包括解构性倾听、外化问题、寻找独特结果与发展替代性故事等。

（一）解构性倾听

1. 解构性倾听的含义

解构性倾听（Deconstructive Listening）是指心理咨询师与治疗师以一种好奇的态度听来访者讲故事，同时接受并了解来访者的故事，以便帮助来访者改变或重构故事中的消极观点与经验（陈信昭等，2007）。在倾听过程中，心理咨询师与治疗师不要有意强化来访者故事中消极的观点或经验，可以选择忽略它们，挖掘积极观点与经验。

2. 解构性倾听的重要功能

解构性倾听对于来访者来说具有重要的作用。

首先，这一技术有利于来访者发现自己身上存在的一些早已经根深蒂固的、消极的、非适应性的观念。这些观念往往被来访者视为理所当然的观念，它们会对来访者的心理健康产生不良的影响。

其次，这一技术可以引导来访者从不同的角度看待事情或问题。看待事情或问题的角度不同，得到的结果可能也不一样。针对同一个问题，换个角度来看，可能就不是问题了。

最后，这一技术可以为来访者提供一种他们可以接受的、有利于他们以后生活的、新结构的故事模式。这些故事模式可以给来访者带来积极的观点与体验，有利于其心理健康。

3. 解构性倾听的操作步骤

运用解构性倾听技巧的具体步骤如下。

（1）来访者叙述故事，心理咨询师与治疗师倾听。解构式倾听的第一步就是，心理咨询师与治疗师营造良好的气氛，让来访者叙述自己的故事。在来访者叙述故事的过程中，心理咨询师与治疗师要以一种好奇的态度倾听，帮助来访者详细了解自己的情况。

（2）通过提问把来访者的问题与其本人分开。在倾听来访者叙述故事的过程中，心理咨询师与治疗师要适当运用外化式提问的方式把来访者的问题与其本人分开，不要让两者纠缠在一起，或者混为一谈。在提问的过程中，注意不要强化来访者故事中消极的观点或经验，可以暂时忽略它们。

（3）引导来访者从不同的角度看待问题。在倾听来访者叙述故事的过程中，心理咨询师与治疗师应引导来访者从不同的角度看待问题。它能帮助来访者认识到，影响他们的往往并不是事情本身，而是他们的看法与看问题的角度。如来访者在看待自己与某人的关系时，心理咨询师与治疗师可以让来访者尝试运用新的思路和视角，也许可以发现，以前存在的那些所谓的问题现在都不是问题了。

（4）引导来访者积极思考，建构新的故事。心理咨询师与治疗师根据倾听的内容引导来访者积极思考。即抓住来访者故事的三要部分，询问来访者这部分对他产生了何种影响，以便明确来访者心理问题是怎样形成并逐渐被强化的。同时，心理咨询师与治疗师还要找出来访者生活中被忽视的成功经历，挖掘其积极因素，以便建构新的故事。

（二）外化问题

1. 外化问题的含义

外化问题（Externalizing Problems），即将问题从本人的身上往外推，把问题与人分开，让被贴上标签的人去除标签（陈一心，2009）。要使来访者有一种"是问题缠上了我，不是我本身有问题"的信念。

外化问题的常用方式是重新命名（Renaming），即心理咨询师与治疗师让来访者为他们的问题重新起名字，这个名字通常需要符合来访者的年龄特点，并能被他们所接受。此外，外化问题的常用方式就是把问题拟人化、具象化，或是可以用艺术表达。

2. 外化问题的重要作用

外化问题对于来访者来说具有重要作用。

（1）降低来访者的心理压力。通过问题外化，来访者可以将问题具体化、影像化，从而进一步聚焦与澄清问题，使来访者比较客观清楚地看到自己的问题，并用较轻松、无压力的方法看待问题，让来访者摆脱内疚和自责。

（2）有利于来访者提高问题解决的效率。这种技术能够帮助求助者修正自己与问题的关系及问题对生活的影响，避免将问题扩大或严重化，而是找到可以着力的地方；帮助求助者从心理上分离出问题本身，减少个人的抗拒与心理防御，将更多力量放在解决问题上，最终达到提高问题解决效率与效果的目的。

（3）有利于来访者建立与维护良好的人际关系。通过问题外化，可以使来访者在轻松的对话氛围中，进一步反思和探索问题；可以拒绝来访者以"我就是这样的人"为借口，进而帮助其学会承担责任；有利于减少无益的人际冲突、降低失败感，促进互相合作，共同面对问题，最终有利于来访者建立与维护良好的人际关系。

3. 大学生常见问题的外化技术运用

下面以大学生常见的心理问题为例，说明外化问题技术的具体运用。

（1）对愤怒情绪问题的外化。当面对一个经常受到愤怒情绪困扰的大学生来访者时，心理咨询师与治疗师可以帮助他把这个问题外化，即引导来访者把自己经历的这种感受取名为"生气的魔鬼"，并告诉来访者：不是你本身有问题，而是"生气的魔鬼"缠上了你。这样就将来访者与问题分离，达到了外化问题的目的。

（2）对性格孤僻、人际交往不良问题的外化。当面对一个性格孤僻、人际交往不良的来访者时，心理咨询师与治疗师可以通过营造良好的反思空间，让来访者重新审视问题与来访者自己之间的关系。如可以这样对来访者说：是内向造成你性格孤僻，无法与他人建立良好的朋友关系，而不是你本身有问题。

（3）面对同学之间矛盾问题的外化。当面对一个与同学之间有各种矛盾问题的来访者时，心理咨询师与治疗师应该先了解事情发生的先后顺序，然后按这些事情发生的顺序依次外化。如可以这样对来访者说：是你们之间的事情，而不是你们本人影响了彼此之间的关系。

（4）面对自卑、缺乏自信问题的外化。当面对一个自卑、缺乏自信的来访者时，心理咨询师与治疗师可以引导其找到问题的根源。如可以这样对来访者说：是多次失败的经历对你产生了不良的影响，它们打击了你的自信心。

（三）寻找独特结果

1. 寻找独特结果的含义

寻找独特结果（Searching Unique Outcomes）是指心理咨询师与治疗师通过提问的方式，让来访者将故事逐渐展开，帮助来访者找到主要故事之外的一些情节和经验。

这些独特结果一般包括与主线故事不相符的情况，可以是来访者自己未意识到的行动、想法或意图，不是十分影响来访者的因素，未被影响到的生活领域，来访者的一些特殊能力，从他人处所得到的对来访者的一些回馈，等等。

2. 寻找独特结果的重要意义

首先，引导来访者发现与过去及现在经验不一样的想法、经验或能力，同时引导来访者从不同的角度、用不同的眼光重新看待自己原有的故事情节，发现其中的不足之处，进一步思考建立新故事的可能性，开始新的生活。

其次，寻找独特结果还可以帮助来访者更好地理解生活的意义和价值，以及如何在追求结果的过程中找到满足感和成就感；可以增强来访者的自信心和积极性，面对未来时更加从容。

最后，帮助来访者理解结果的暂时性和过程的价值。要使来访者认识到，结果往往是暂时的，但它们不会永久存在。通过这样的理解，可以帮助来访者更加全面地看待生活中的成就和挑战，欣赏这个过程所带来的乐趣和价值。

3. 寻找独特结果的提问方式

治疗师对独特结果的探究，可以运用如下几种提问方式。

（1）开放式提问。开放式提问是指心理咨询师与治疗师仿照训练发散思维的方式提问，鼓励来访者用不同的方向探索多种答案、结论或可能性。如这样问来访者，这个事情的发生都有哪些方面的原因，尽可能地多说一些。

（2）选择性提问。选择性提问是指心理咨询师与治疗师假设某种情况成立，然后让来访者进行选择。如这样问来访者：假如你以这种方式处理这个问题，那对于你来说情况是变得更好了，还是变得更糟了呢？或者这样问：如果事情真的发生了，你是选择面对还是选择逃避呢？

（3）发展式提问。发展式提问是指心理咨询师与治疗师引导来访者对故事进一步发展的推理提问。如这样问来访者：假如你说的这个故事到此还未结束，你认为该故事应如何向前发展呢？你觉得接下来会产生一些积极的变化吗？

（四）发展替代性故事

1. 发展替代性故事的概念

发展替代性故事（Developing Additional Story）是在来访者讲述自己的故事并寻找到独特的结果之后，心理咨询师与治疗师以该故事为中心，帮助来访者重写、增补故事的相关内容与情节。其主要目的是引导来访者能够从新的角度以一种新的态度看待问题，最终形成一种新的有利于自身发展的生活模式。

替代性故事的发展对于来访者来说具有重要意义。它有利于来访者从替代性故事中寻找到自信和认同，从而形成一种积极的人生态度，以新的视角看清自己的生命历程。

2. 发展替代性故事的具体操作

发展替代性故事的具体操作大致分为以下三个步骤。

（1）挖掘已有故事闪光点。心理咨询师与治疗师在与来访者交谈的过程中，要注意挖掘来访者所叙述故事中的闪光点及其前面所说的独特结果。这里说的闪光点一般是指来访者在一些事件中所表现出的胜任能力或成就等。接着可以询问来访者是如何做到这些的，最近与过去有没有出现过类似的情况，这些情况出现之前与出现之后的想法和感觉如何，做到这些行动需要哪些特质或价值观等。例如，有一位社交恐惧的来访者最近在社交场合中未表现出恐惧，那么心理咨询师与治疗师可以问他：这次你没有被恐惧所控制，你是怎么做到的；去之前与去之后你的感受如何；需要借助哪些力量；等等。

（2）形成替代性故事。心理咨询师与治疗师继续和来访者一起讨论已有故事中事件与事件之间的联系，对故事中的情节与内容重新组合，逐渐将其组成不同于来访者原先所描述的故事，即替代性故事，也称另一类故事。然后，询问来访者是否为替代性故事感到高兴，并询问其高兴的原因。如询问一个经常会控制不住而发脾气的来访者：在新的故事中，相比你自己管理你的生活与以前让愤怒管理你的生活，是否要好一些？你感到开心吗？为什么开心呢？

（3）继续发展新故事。心理咨询师与治疗师还可以在已有替代性故事的基础上继续发展新故事。鼓励来访者发挥自己丰富的想象力，让来访者设想与猜测，假如故事持续发展，那么将会向什么方向前进、结果将会怎样、自己要做哪些准备工作、将会有哪些感受与体验等。如对一个总是担心自己成绩下降的来访者说：虽然你有几次成绩下降，但你均能保持自信，而且最近你又恢复了这些力量；如果继续发展，你预想接下来会发生什么事情呢？下一步自己应该怎么做呢？

二、叙事治疗的操作与应用

（一）叙事治疗的目标

叙事治疗的目标包括以下几点。

（1）心理咨询师与治疗师在倾听来访者讲故事的过程中，找出来访者的问题所在，运用各种问话方式让来访者对自己的问题有所意识，使咨询与治疗逐渐向改善的方向发展。

（2）在治疗对话中帮助来访者进入自己的问题故事中；同时，通过问题外化，将症状重新命名，以便创造一个战胜、克服、摆脱或抵抗原有故事的新故事情节。

（3）解构并重述来访者的生命故事，促使来访者从有问题的想法、感觉和行为中发现新的意义，使其重获生命的动力。

（二）叙事治疗的操作步骤

澳大利亚心理学家伯恩斯把叙事治疗分为以下几个步骤。①

（1）心理咨询师或治疗师与来访者合作，共同为问题找出一个双方都可以接受的名字，如把愤怒的情绪或就业焦虑称为"大魔鬼"等。

（2）将问题拟人化，并借此机会与来访者一起讨论，这些问题为什么对来访者造成影响，以及如何影响其本人或家庭。

（3）心理咨询师或治疗师与来访者一起探讨这些问题如何干扰、支配或阻挠来访者及其家庭，以便帮助他完成自己的意愿。

（4）为来访者身上发生的事件提供不同的解释意义，从而使来访者从不同角度看待他们的故事。

（5）通过寻找替代性问题，分析来访者在什么时候受问题的影响，在什么时候又不受问题的影响。

（6）当来访者的能力强大到可以面对问题的困扰和压抑时，帮助来访者寻

---

① ［澳］乔治·伯恩斯. 积极心理治疗案例——幸福、治愈与提升［M］. 高隽，译. 北京：中国轻工业出版社，2012.

找证据以支持他对于自己的这种新看法。

（7）让来访者思考：当他们正在变得充满力量、能力很强时，他们希望的未来是怎样的。

（8）当来访者摆脱了过去充满问题的故事时，他们就可以为未来作打算。

（三）叙事治疗的个案分析

案主：小方，男，23 岁。小方来自南方某大城市的一个中产家庭，是独生子。在其小时候，父母关系不太好，对小方的教养方式有一定的分歧。父亲喜欢采取粗暴式教养方式，而母亲则坚决反对，对小方比较溺爱，基本上有求必应。为此，父母在小方的教育问题上经常吵架。小方现就读于某民办二本学校艺术专业，在校学习成绩一般。在就业问题上，小方心气比较高，有些眼高手低。他要求自己一定要进入体制内工作，无编制的工作不做，过于辛苦的工作不做。从大学四年级开始，他就开始为就业奔波，先后尝试过公务员考试、教师编制考试、全国硕士研究生统一招生考试、军队文职考试等，但结果都以失败告终。为此，小方变得比较消沉，不爱出门，整天待在寝室里发呆或长时间打游戏；食欲下降，有时晚上会出现失眠现象，表现得比较焦虑。在同寝室室友的鼓励下，经过激烈的思想斗争，小方终于走进了大学生心理健康教育中心。

大学生心理健康教育中心的心理咨询师与治疗师根据小方对自己目前状况的描述，并通过专业量表的测量，认为小方属于中等程度的就业焦虑。小方刚开始一度对自己的就业期望比较高，试图积极寻求工作机会。但现实与期望之间较大的落差使小方感到失落。经过持续 4~6 个月的挫折与失败，小方开始陷入了持续性的就业焦虑，并伴随失眠、记忆力低下、进食障碍等生理与心理症状，从而影响到正常的生活。他的情绪经常低落，不与人沟通，眼神涣散；主动减少甚至终止了与其他同辈群体的来往，沉迷于网络游戏；生活极不规律，白天没有精神，但晚上比较兴奋，睡不着觉。再继续发展下去，小方可能就会变得麻木了，即不再关心找工作的事宜，面对父母的指责与关心，也将表现为毫无表情、毫不回应。经过综合分析，心理咨询师考虑采用叙事治疗的方法帮助小方应对就业焦虑问题。

心理咨询师工作的第一步是和小方建立良好的咨访关系。咨询师首先认真倾听小方对兴趣爱好与过往求职经历等的详细叙述；其次对小方进行自我暴露，即告诉小方，自己以前求职时也有与他类似的经历，以此拉近与小方的心理距离，营造咨询与治疗的良好气氛。第二步是咨询师引导小方将问题外化。咨询师告诉小方，造成目前就业焦虑的责任方不是小方本人，这和就业大环境、高校专业设置、社会需求等有一定关系。咨询师还把就业焦虑换了一个名字，称为"大魔王"，目的是将小方所面临的问题与他本人区分开来，通过解构式提问，让小方从不同的角度系统地看待自己现阶段的处境和失业问题，增强其就业信心。第三步是咨询师引导小方寻找独特结果。通过与小方的多次面对面交谈，从他对旧有问题中的负面描述中找寻与问题故事不相符的积极性因素，提炼出小方解决问题的决心、勇气、信念、品质等，进而激励小方对这些积极性因素赋予新的意义，从而拓展出一个充满力量的自我。第四步是咨询师帮助小方发展替代性故事。在该阶段，咨询师邀请了小方的父母、亲密朋友等，通过家庭聚会、茶话会等方式帮助小方补充故事中的相关内容与情节，形成替代性故事。其目的是拓展小方看待问题的角度与态度，引导小方形成一种新的有利于自身发展的生活模式与人生态度；重新找寻自信与自我认同感，以新的视角看待自己未来的生命历程。同时，这些外界力量还可以对小方起到良好的监督作用，将新故事内化于心。

经过前面几个阶段的咨询与治疗，小方逐渐积累了处理就业焦虑的经验。面对今后的人生道路，他表示能继续采用相似的观点看待生活，有效避免就业方面的焦虑对生活造成的进一步困扰。可见，对小方的叙事治疗初显成效，咨询与治疗工作告一段落。

课后思考题

1. 叙事治疗有哪些基本理论？各有哪些观点？
2. 叙事治疗的基本技术有哪些？各种技术之间有什么样的逻辑关系？
3. 叙事治疗的操作步骤有哪些？

推荐阅读

　　[1] 陈信昭，曾正奇，陈聪兴. 叙事治疗在学校中的应用 [M]. 台北：心理出版社，2007.

　　[2] ［加］卡特里娜·布朗，［加］托德·奥古斯塔－斯科特. 叙事疗法 [M]. 方双虎，方红，等译. 北京：中国人民大学出版社，2016.

参考文献

［1］［美］安妮塔·伍德沃克．伍德沃克教育心理学（第十一版）［M］．伍新春，改编．北京：中国人民大学出版社，2013.

［2］陈光磊．论中国传统心理治疗的基本原则［J］．学科视野（湖北社会科学），2005（4）：115-116.

［3］陈信昭，曾正奇，陈聪兴．叙事治疗在学交中的应用［M］．台北：心理出版社，2007.

［4］陈一心．儿童心理咨询与治疗［M］．北京：北京大学医学出版社，2009.

［5］陈仲庚．心理治疗与心理咨询的异同［J］．中国心理卫生杂志，1989，3（4）：184-186+190.

［6］樊富珉．心理咨询师核心能力之我见［J］．心理学通讯，2018，1（3）：177-180.

［7］郭念锋．临床心理学［M］．北京：科学出版社，1995.

［8］郭秀艳．实验心理学（第二版）［M］．北京：人民教育出版社，2019.

［9］黄佳，陈楚侨．精神分裂症内表型［J］．科学通报，2018，63（2）：127-135.

［10］黄佳雨，张君睿，李尧，等．心理咨询知情同意呈现内容与求助者愿意关系的实验研究［J］．中国心理卫生杂志，2021，35（11）：896-901.

［11］黄希庭，张志杰．心理学研究方法（第二版）［M］．北京：高等教育出版社，2010.

［12］黄悦勤．迎接精神病学研究的曙光［J］．中国心理卫生杂志，2019，

33（7）：2.

[13] 江光荣．心理咨询的理论与实务（第二版）[M].北京：高等教育出版社，2012.

[14] [美] 杰拉尔德·科里．心理咨询与治疗的理论及实践（第八版）[M].谭晨，译．北京：中国轻工业出版社，2010.

[15] [加] 卡特里娜·布朗，[加] 托德·奥古斯塔-斯科特．叙事疗法 [M].方双虎，方红，等译．北京：中国人民大学出版社，2016.

[16] 康立新．国内图式理论研究综述 [J].河南社会科学，2011，20（4）：180-182.

[17] 孔德生，付桂芳，郑崇辉．折衷整合心理咨询理论与实践探索 [J].学术交流，2003，106（1）：149-153.

[18] 雷秀雅，吴宝沛，杨阳，等．心理咨询与治疗 [M].北京：中国人民大学出版社，2023.

[19] 李江雪．大学生心理咨询技术与案例 [M].广州：广东教育出版社，2008.

[20] 李洁，赵雨涵，高岚，等．依恋取向的亲子沙盘游戏治疗个案研究：以一例活跃退缩幼儿为例 [J].中国临床心理学杂志，2021，29（4）：862-868+886.

[21] 林崇德．心理学大辞典（上卷/下卷）[M].上海：上海教育出版社，2003.

[22] 林孟平．辅导与心理治疗 [M].香港：商务印书馆（香港）有限公司，1988.

[23] 刘陈陵，王芸．来访者动机：心理咨询与治疗理论与实践的整合 [J].心理科学进展，2016，24（2）：261-269.

[24] 刘春雷，姜淑梅，孙崇勇．青少年心理咨询与辅导 [M].北京：清华大学出版社，2011.

[25] 刘明矾，雷倩，肖梦芹，等．表象修编与认知重建对具有侵入性表象亚临床抑郁个体的疗效比较 [J].中国临床心理学杂志，2022，30（3）：703-709.

[26] 刘晓明，李冬梅，孙蔚雯．学校心理咨询 [M].北京：中国轻工业出

版社，2009.

　　［27］刘玉娟，叶浩生．多元文化的心理咨询与治疗理论刍议［J］．心理学探新，2002，22（2）：18-22.

　　［28］卢佳，周甦，刘娜，等．国内认知行为治疗本土化典型流派综述［J］．医学与哲学，2021，42（22）：28-31.

　　［29］马海良．后结构主义［J］．外国文学，2003，14（6）：59-63.

　　［30］彭聃龄，陈宝国．普通心理学［M］．北京：北京师范大学出版社，2024.

　　［31］钱铭怡．心理咨询与心理治疗［M］．北京：北京大学出版社，2016.

　　［32］钱铭怡．中国心理学会临床与咨询心理学工作伦理守则解读［M］．北京：北京大学出版社，2021.

　　［33］［澳］乔治·伯恩斯．积极心理治疗案例——幸福、治愈与提升［M］．高隽，译．北京：中国轻工业出版社，2012.

　　［34］［日］森田正马．神经质的实质与治疗——精神生活的康复［M］．臧秀智，译．北京：人民卫生出版社，1992.

　　［35］申荷永，陈侃，高岚．沙盘游戏治疗的历史与理论［J］．心理发展与教育，2005，21（2）：124-128.

　　［36］姒刚彦，李庆珠，刘靖东．改变"低挫折容忍度"的心理干预及效果评估——一位奥运银牌运动员的个案研究［J］．心理学报，2008，40（2）：240-252.

　　［37］邰启扬．催眠术：一种神奇的心理疗法［M］．北京：社会科学文献出版社，2005.

　　［38］王利明．隐私权概念的再界定［J］．法学家，2012（1）：108-120.

　　［39］王铭，柳静，孙启武．心理治疗中的真实关系及其近十年研究进展［J］．中国临床心理学杂志，2022，30（4）：778-783.

　　［40］王萍，黄钢．沙盘游戏应用于临床心理评估的研究进展［J］．中国健康心理学杂志，2007，15（9）：862-864.

　　［41］王甦，王安圣．认知心理学［M］．北京：北京大学出版社，2006.

　　［42］王争艳，杨波．人格心理学［M］．北京：高等教育出版社，2011.

　　［43］王重鸣．心理学研究方法［M］．北京：人民教育出版社，2001.

［44］［奥］西格蒙德·弗洛伊德. 梦的解析［M］. 奕珊, 译. 北京: 中国华侨出版社, 2018.

［45］辛自强. 心理学研究方法［M］. 北京: 北京师范大学出版社, 2021.

［46］许艳. 心理咨询与治疗［M］. 合肥: 安徽人民出版社, 2007.

［47］杨加青, 赵兰民, 买孝莲. 中国道家认知疗法并用盐酸米安色林与单用盐酸米安色林治疗老年抑郁症的对照研究［J］. 中国神经精神疾病杂志, 2005（5）: 333-335.

［48］［美］伊丽莎白·雷诺兹·维尔福. 心理咨询与治疗伦理（第三版）［M］. 侯志瑾, 等译. 北京: 世界图书出版公司, 2010.

［49］余瑞萍. 叙事治疗方法在社会工作实习督导过程中的运用［J］. 社会福利（理论版）, 2015（4）: 53-56.

［50］曾文星, 徐静. 心理治疗［M］. 北京: 人民卫生出版社, 1987.

［51］赵健. 中国画之于听障学生心理疗愈本土化研究［J］. 南京艺术学院学报（美术与设计）, 2022（2）: 179-183.

［52］中国就业培训技术指导中心, 中国心理卫生协会. 国家职业资格培训教程·心理咨询师（二级）［M］. 北京: 民族出版社, 2011.

［53］中国就业培训技术指导中心, 中国心理卫生协会. 国家职业资格培训教程·心理咨询师（三级）［M］. 北京: 民族出版社, 2011.

［54］中国就业培训技术指导中心, 中国心理卫生协会. 国家职业资格培训教程·心理咨询师: 基础知识［M］. 北京: 民族出版社, 2015.

［55］中国心理学会. 中国心理学会临床与咨询心理学工作伦理守则（第一版）［J］. 心理学报, 2007, 39（5）: 947-950.

［56］中国心理学会临床心理学注册工作委员会标准制定工作组. 中国心理学会临床与咨询心理学工作伦理守则（第二版）［J］. 心理学报, 2018, 50（11）: 1314-1322.

［57］周振友, 孔丽, 陈楚侨. 精神分裂症肠道微生物与脑影像和临床表征的关系［J］. 心理科学进展, 2022, 30（8）: 1856-1869.

［58］周忠英, 江光荣, 林秀彬, 等. 当事人的投入与会谈效果、咨询效果的关系研究［J］. 心理科学, 2018, 41（6）: 1457-1463.

［59］Ain S C. The real relationship, therapist self-disclosure, and treatment progress：A study of psychotherapy dyads［D］. College Park：University of Maryland, College Park，2011.

［60］ Bhatia A，Gelso C J. Therapists'perspective on the therapeutic relationship：Examining a tripartite model［J］. Counselling Psychology Quarterly，2018，31（3）：271-293.

［61］ Bruner J. Making Stories：Law，Literature，Life［M］. Cambridge：Harvard University，2002.

［62］ Corey G，Corey M S，Corey C. Issues and Ethics in the Helping Professions［M］. 10th ed. Boston：Gengage Learning，Inc. ，2019.

［63］ Corey M S，Corey G. Becoming a Helping［M］. Boston：Gengage Learning，Inc. ，2021.

［64］ Flax J. Postmodernism and Gender Relations in Feminist Theory［M］// Nicholson L（Eds. ）. Femimism/Postmodermism（pp. 39-62）. New York：Routledge，1990.

［65］ Fuertes J N，Moore M，Ganley J. Therapists'and clients'ratings of real relationship，attachment，therapist self disclosure，and treatment progress［J］. Psychotherapy Research，2019，29（5）：594-606.

［66］ Gelso C J，Kivlighan D M，Markin R D. The real relationship and its role in psychotherapy outcome：A meta-analysis［J］. Psychotherapy，2018，55（4）：434-444.

［67］ Handelsman M M，Gottlieb M C，Knapp S. Training ethical psychologists：An acculturation model［J］. Professional Psychology：Research and Practice，2005，26：59-65.

［68］ Herlihy B，Corey G. Boundary Issues in Counseling：Multiple Roles and Responsibilities［M］. 3rd ed. Alexandra：John Wiley and Sons，2015.

［69］ Kalsolw N J，Rubin N J，Bebeau M J，et al. Guiding principles and recommendations for the assessment of competence［J］. Professional Psychology：Research and Practice，2007，38（5）：441-451.

［70］ Kivlighan D M，Gelso C J，Ain S，et al. The therapist，the client，and the real relationship：An actor-partner interdependence analysis of treatment outcome［J］.

Journal of Counseling Psychology, 2015, 62 (2): 314-320.

[71] Kivlighan D M, Hill C E, Gelso C J, et al. Working alliance, real relationship, session quality, and client improvement in psychodynamic psychotherapy: A longitudinal actor partner interdependence model [J]. Journal of Counseling Psychology, 2016, 63 (2): 149-161.

[72] Kivlighan D M, Kline K V, Gelso C J, et al. Congruence and discrepancy between working alliance and real relationship: Variance decomposition and response surface analyses [J]. Journal of Counseling Psychology, 2017, 64 (4): 394-409.

[73] Lambert M J. Bergin and Garfield's Handbook of Psychotherapy and Behaviour Change [M]. New York: Wiley, 2003.

[74] Lazarus A A. Transcending Boundaries in Psychotherapy [M]//Herlihy B, Corey G. Boundary Issues in Counseling: Multiple Roles and Responsibilities (3rd ed.). Alexandra: John Wiley and Sons, 2015.

[75] Lee E, Choi H N. The unfolding of the Korean client-and counselor-rated real relationship and the counseling outcome in Korea [J]. Asia Pacific Education Review, 2019, 20 (4): 533-542.

[76] Newton L. Ethics in America Study Guide [M]. Englewood Cliffs: Prentice Hall, 1989.

[77] Pérez-Rojas A E, Bhatia A, Kivlighan D M. Do birds of a feather flock together? Clients' perceived personality similarity, real relationship, and treatment progress [J]. Psychotherapy, 2021, 58 (3): 353-365.

[78] Smith D. Writing the Social: Critique, Theory, and Investigations [M]. Toronto: University of Toronto Press, 1999.

[79] Somberg D R, Stone G L, Claiborn C D. Informed consent: Therapists' beliefs and practices [J]. Professional Psychology: Research and Practice, 1993, 24 (2): 153-159

[80] Srivastava A, Grover N. Reflections about being offered gifts in psychotherapy: A descriptive case study [J]. Psychological Studies, 2016, 61 (1): 83-86.

[81] Watkins E C. Extrapolating Gelso's tripartite model of the psychotherapy relationship to the psychotherapy supervision relationship: A potential common factors

perspective [J]. Journal of Psychotherapy Integration, 2015, 25 (2): 143-157.

[82] Welfel E R. Ethics in Counselling and Psychotherapy: Standards, Research, and Emerging Issues [M]. 6th ed. Boston: Gengage Learning, 2015.

[83] White M, Epston D. Narrative Means to Therapeutic Ends [M]. New York: Norton, 1990.

[84] White M. Narrative practice and the unpacking of identity conclusions [J]. Gecko: A Journal of Deconstruction and Narrative Ideas in Therapeutic Practice, 2001, 1: 28-55.

[85] White M. Re-authoring Lives: Interviews Essays [M]. Adelaide: Dulwich Centre, 1995.

[86] Zuckerman E L. The Paper Office: Forms Guidelines, Resources [M]. 3rd ed. New York: Guilford, 2003.

[87] Zur O. Dual relationships, multiple relationships, boundaries, boundary crossing and boundary violations in psychotherapy, counselling and mental health [R/OL]. 2012 [2024-11-29]. http://www.zurinstitute.com/boundaries-dual-relationships/.